JN016668

Excel と R ではじめる

やさしい経済データ分析入門

共著
隅田 和人・岡本 基・岩澤 政宗・
金 燕春・水村 陽一・吉田 崇紘

はじめに

近年のコンピュータの発達、分析用ソフトウェアの一般化、インターネットの発達により、容易に統計データを取得できるようになったことに伴い、データ分析が問題解決のための方法として、注目されるようになってきています。それに従い、大学でもデータ分析に関する科目が増えています。

経済データ分析には、「経済理論」「統計学」「計量経済学」「経済統計」「情報処理」の知識が要求されます。そして、これらの知識を基礎として分析を実行するためには技術が要求されます。これらの「知識」と「技術」が基礎となり、今日のデータ分析の広まりにつながっています。

それでは、データを分析するために必要な知識と技術を身に着けるためには、何を学べばよいのでしょうか？　データ分析に要求される「知識」が扱われる先に挙げた科目はいずれも、すでに大学の講義として開講されている大きな内容の科目ばかりです。データ分析の講義でこれらの既存の学問の主要な結果だけを紹介して詳細は省略しようとしても、そういう点ほど学生の質問が集中したりします。かといって、さらに詳細に講義しようとすると、統計学、計量経済学、あるいは情報処理の講義内容と一緒になりかねません。

また、データ分析を実行する際に要求される「技術」は、主にPC（Personal Computer）を利用する技術です。具体的には、分析用のソフトを使う技術です。さらに分析は、分析するだけで終えることはないでしょう。分析には、分析結果を他の人に伝えることも含まれるはずです。分析結果をまとめる技術も必要になります。

データ分析は、このような「知識」と「技術」に基づいて可能になるものです。では、このような知識と技術を理解した後でなければデータ分析はできないのでしょうか？　そのようなことはないと考えています。必要に応じた「知識」と「技術」とを身につければ、分析は可能です。

本書は、はじめてデータを分析して、分析結果をもとに報告書を作成し、発表をできるようになりたい人を対象に書かれました。経済関連のデータをPCを利用して分析し、分析結果を報告書としてまとめるのに必要な「知識」と「技術」を学ぶことを目的としています。本書の内容は、以下の表にまとめたとおりです。各章の内容は「知識」に対応し、PCを用いた演習は習得を目指す「技術」に対応します。データの分析方法を、データの特徴を調べる記述統計分析（1章から4章）と、データの背後にある分析対象を推測する推測統計分析（5章、6章）、経済分析で最もよく使われる回帰分析（7章、8章）に分けました。最後に、分析結果をまとめたレポートの執筆で有用となる方法にも言及しています（9章）。これらの分析では、PCとソフトウェアを使う技術が要求されますので、これらの操作方法についても、数値例を通じて説明します。ソフトウェアには、広く使われている表計算ソフトのExcelとフリーの統計ソフトRを用いました。

本書の内容

章	タイトル	章の内容	PCを用いた演習
1章	データと変数の種類	データ・変数の種類、変数の尺度、データの集計方法	Web付録：Excelの使い方
2章	データをグラフ化しよう	棒グラフ、ヒストグラム、折れ線グラフ、変化率、地図	Excelによるグラフ作成
3章	一つの変数による記述統計	中心の値、ばらつきの値、標準偏差の活用、四分位値、箱ひげ図	Excelによる計算、分析ツールの利用
4章	二つの変数による記述統計	散布図、共分散、相関係数、回帰、決定係数、重回帰、演習問題Ⅰ	Excelによる散布図作成、分析ツールを用いた回帰分析
5章	推定の考えかた	データの種類、標本抽出方法、母平均の推定、標本平均の標準誤差、正規分布*、信頼区間	記述統計、無作為抽出法、Web付録：Rの使い方
6章	検定の考えかた	仮説検定の目的、母平均の仮説検定、t分布*	Rによる母平均の仮説検定
7章	回帰分析での推定と検定	回帰式の推定、検定の手順、重回帰式の検定	Rによる回帰分析
8章	ダミー変数を用いた回帰分析	ダミー変数を含む回帰式の推定、2項選択モデル	Rによるダミー変数作成、ダミー変数を含む回帰分析、Web付録：ロジット・プロビットモデルの推定
9章	レポートの作成	レポートの構成、図表の作成、文章の執筆、参考文献、レポートの例、演習問題Ⅱ	ExcelやWordを利用した図表の作成方法、レポートの執筆

注：*は、関心に応じて省略してもよい内容を示す。

本書の内容は、東洋大学経済学部国際経済学科での「経済データ分析・演習」の講義に基づいています。これまでの2学期制の講義経験では、記述統計を扱った前半15回と推測統計を扱った後半15回に分けて講義してきました。

前期では、記述統計の内容である1章から4章までを扱いました。1章のデータや変数についてを2講、2章のグラフを4講、3章の一変量の記述統計を3講、4章の2変量の記述統計を4講ほどの進度で進めています。

後期には、推測統計の内容である5章から9章を講義してきました。5章の推定は2講、6章の検定は3講、7章の回帰分析の推定と検定が後期の中心的な内容であり3講ほど、8章はダミー変数を含む回帰分析について3講ほど講義しています。ここまで来ればより実際に近い分析が可能になります。

講義の内容を復習し身につけるために、演習問題があります。データを与えたうえでの演習課題ですが、テーマや分析内容は履修者自身が決めることができるようにしています。4章末の演習問題Iは前期のレポート課題、9章末の演習問題IIは後期のレポート課題としてきました。

PCを使わない教室での講義の場合、観測値数の少ない小さなデータを用いている「例」を利用しながら説明を進めることができます。PC教室での講義の場合、「Excelでの演習」や「Rでの演習」を用いて講義できます。これらの講義を補足する内容をWeb付録に掲載してあります。

本書は、この講義の担当者により共同で執筆されたものです。隅田と岡本の講義ノートを基礎にして、1章、2章、3章、4章のExcelによる演習を水村が担当しました。2章の2.4節「地図を用いたグラフ」は吉田が担当しました。6章、7章を岩澤が、8章を金が担当しました。最終的に、各章の内容を全員で検討し、統一性を持たせるように補いました。

最後になりましたが、本書を執筆するきっかけとなった講義に出席し、さまざまな反応を示してくれた学生の皆さん、そして、このような出版の機会をいただきましたオーム社に心より感謝申し上げます。

本書を通して、読者がデータ分析に必要な知識や技術を身につけ、関連する諸学問への関心をも深めることができましたら、望外の喜びです。

2020年4月

著 者 一 同

本書で利用するデータ

本書で主に使用するデータは、オーム社のホームページ（https://www.ohmsha.co.jp/）内にある本書のページから、zip形式でダウンロードできます。取得したファイルをWindows OSのPCの場合で、「C:」に保存することを前提にしています。ファイルの保存場所は適宜変更できます。

都道府県データ

- フォルダ名：prefdat
- ファイル名：都道府県データ2019.xlsx
- 読み込み用のCSVファイル：pref_dat_2019.csv

都道府県データは、次の資料から作成されています。

- 統計でみる都道府県のすがた2019
  https://www.e-stat.go.jp/stat-search/files?page=1&layout=datalist&toukei=00200502&tstat=000001124677&cycle=0&tclass1=000001124955&cycle_facet=cycle

- 国内銀行個人預金残高（億円）（2017）、可処分所得（二人以上の世帯のうち勤労者世帯）（家計調査結果）（円）（2017）、消費支出（二人以上の世帯のうち勤労者世帯）（家計調査結果）（円）（2017）については下記より採用しています。
  出所：社会・人口統計体系・都道府県データ
  https://www.e-stat.go.jp/regional-statistics/ssdsview/prefectures

- 使用電力量（電灯）（百万kWh）
  出所：環境統計集（平成29年版）［EXCEL版］
  1章　社会経済一般
  1.01　都道府県別人口・面積・県内総生産・使用電力量
  http://www.env.go.jp/doc/toukei/contents/tbldata/h29/2017-1.html

- ごみ処理量（千トン）
  出所：環境統計集（平成29年版）［EXCEL版］

4章　物質循環
4.06　都道府県別ごみ処理の現状
http://www.env.go.jp/doc/toukei/contents/tbldata/h29/2017-4.html#capt4

学生生活アンケート

東洋大学白山キャンパスの学生を対象に、2018年9月24日から10月5日までに、1,009名の学生を対象にアンケートを行い、551名の学生から回答を得ました。回答率は54.6%です。

- フォルダ名：student_survey2018
- 調査結果
  ファイル名：student_survey2018_data.xlsx
- 読み込み用のCSVファイル
  ファイル名：student_survey2018_data.csv
- 調査票
  ファイル名：学生生活に関するアンケート質問票2018.docx

国別GDPデータ

World Bank Open Data（https://data.worldbank.org/）より収集した、2016年の130国のGDPなどのデータセット。

- フォルダ名：wb
- ファイル名：wb_data_country_2016.xlsx

試験成績データ

ある科目の学生の期末試験成績と出席回数・学生の属性についての仮想データ。

- フォルダ名：testscore
- ファイル名：testscore.csv

Web付録の内容

本文を補足するWeb付録を、オーム社のホームページ（https://www.ohmsha.co.jp/）内にある本書のページからダウンロードできます。適宜解凍して使用してください。主な内容は次のようになります。

内容

A1　1章　データと変数の種類・付論: Excelの使い方

- Excelの部位の名称
- Excelの基本操作方法

A2　2章　データのグラフ・付論

- 棒グラフの応用
- 円グラフ
- 折れ線グラフの応用
- 対数変換による変化率の計算

A3　3章　一つの変数による記述統計・付論

- 幾何平均

A4　4章　二つの変数による記述統計・付論

- 単回帰式の最小２乗推定量の導出
- 重回帰式の最小２乗推定量の導出

A5　5章　推定の考え方・付論

- Rによる無作為抽出の実行
- 標本平均の期待値と分散の導出

A6　6章　仮説検定の考え方・付論

- 母平均値の片側検定
- 平均値の差の検定

A7　7章　回帰分析での推定と検定・付論

- 回帰係数の片側検定
- Rによる演習：重回帰モデルの推定

A8　8章　ダミー変数を用いた回帰分析・付論: ２項選択モデル

- ２項選択モデルの実測値と予測値のクロス集計表
- ロジットモデルとプロビットモデルの推定
- 線形回帰モデルの再推定：不均一分散に対応した標準誤差の計算

A9　付論　RとRStudioの使い方

CONTENTS

CHAPTER 3 一つの変数による記述統計

中心と散らばりの統計量 37

CHAPTER 5 推定の考えかた 117

CHAPTER 6 検定の考えかた 143

CHAPTER **8** ダミー変数を用いた回帰分析 **187**

CHAPTER 9 レポートの作成 225

CHAPTER 1

データと変数の種類

データは、目的を持って収集された事象・数値の集合です。これらは、文字や数字、最近では音声や画像も含まれますが、数値の場合には見やすくするために、表にまとめられます。そして本書で特に扱う、収集された数値には種類があります。数値の種類により、次章以降で採用される、分析手法は異なるので、数値の種類について理解する必要があります。この章では、データの表へのまとめかたと、データの数値の種類を紹介し、Excelを用いたデータの表の作成方法について説明します。

1.1 データの表しかた

目的を持って収集された数値の集合のことを**データ**(data)と呼びます。データは表の形にまとめられます。この表のことを**統計表**(statistical table)と呼びます。

データ(data)

目的を持って収集された数値の集合で、統計表にまとめられる

例 1.1：トマトの購入量と価格

表 1.1 は、3人の消費者のトマトの購入量とそのときの1個当たりのトマトの価格を表に表したものです。多くのデータは、統計表として、このような形式で表されます。ここでは、横の行を**行**（row）と呼び、縦の列を**列**（column）と呼びます。

表 1.1　トマトの購入量と価格のデータ

消費者	購入量	価格	性別
1	8	60	0
2	10	50	0
3	12	40	1

データは、観測対象の情報から構成されます。表 1.1 での観測対象は、3人の消費者となります。個々の観測対象について調査された項目は、観測対象により数値が変わるので、**変数**（variable）と呼ばれます。

変数（variable）

観測対象について調査された項目

この表には、消費者のトマトの購入量、そのときの1個当たりの価格、消費者の性別が表されています。性別は0か1の値を取り、0は女性を1は男性を示しています。

一人の観測対象について3つの変数が調査されており、これらの3つの変数の組を一つの**観測値**（observation）と数えます。したがって、表 1.1 では、3人の消費者が観測対象であり、3つの変数が観測されていることになります。

観測値（observation）

対象に対して観測された値

次に、観測値数についてです。ここで注意して欲しいのは、観測値数は統計表に含まれる個々の数値ではないことです。観測値の数は、あくまで観測対象の数を指します。表 1.1 の観測値数は3です。数値の数を示す9ではないことに注意してください。この観測値数はデータの大きさを示す際にも使われます。

観測値数 (number of observations)
観測対象の数

図 1.1 のように、統計表の各部位には名称が付いています。統計表には表題 (caption) を付けます (①)。表の側面は表側 (side) と呼び (③)、表側の最上段を表側頭と呼びます (②)。表の中心となる部分が表体 (body) です (⑤)。変数名などが記入される表体の最上段を表頭 (head) と呼びます (④)。表体の一つの要素のことをセル (cell) と呼びます。

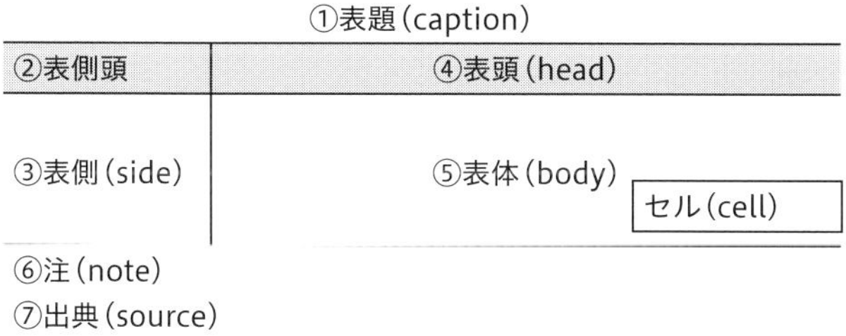

図 1.1 統計表の名称

購入量や価格などの変数を文字のままで扱うよりも記号を使って表すほうがより便利なことがあります。**表 1.2** は、表を記号で表したものです。表側頭の i は、観測値の番号を示す記号です。表側には、1 から n 番までの番号が記入されています。ここで n が観測値数となります。表頭の x_i と y_i は、変数名を示しています。小さい i は、添え字 (subscript) と呼ばれ、観測値の番号を示します。表体は、各観測値番号に対応する観測値を示しています。x_1 は、観測値番号 1 番の x の観測値を示しています。これらの記号は、統計表から平均など、統計表の特徴を示す値を求めるときの計算方法の説明に使われます。

表 1.2 統計表の記号による表現

i	x_i	y_i
1	x_1	y_1
2	x_2	y_2
⋮	⋮	⋮
n	x_n	y_n

1.2 変数の種類

データの分析は変数を対象にして行われ、変数の種類により分析方法が異なるので、ここでは変数の種類について述べます。

1 量的変数

量的変数は、価格や購入量など、量を示す変数のことを意味します。量的変数は、連続型変数と離散型変数に分けることができます。

量的変数(quantitative variable)
観測値が数字として記録される変数

連続型変数

連続型変数は、連続的な数字を取る変数のことを意味します。たとえば、長さや重さなどが代表的な例です。これらは、小数点以下の桁を使って測ることができます。経済データでは、金額で表される価格や収入も連続型変数として考えられています。

連続型変数(continuous variable)
連続的な値を取り得る変数

離散型変数

離散型変数は、サイコロの目のような1から6のような決まった数値を取る変数のことを意味します。サイコロの目は1.5や2.3のような整数の間の値を取りません。成功回数のような回数も同様です。このような変数を離散型変数と呼びます。

離散型変数(discrete variable)
個数や回数など、決まった数値(0, 1, 2, 3,…)を取る変数

2 質的変数

量的変数に対して、本来なら数字で表せない情報を数字で示している変数を質的変数と呼びます。表1.1では、消費者の性別を男性なら1、女性なら0と示していますが、この性別は質的変数です。個人に付与されている学籍番号や個人番号も質的変数です。

質的変数（qualitative variable）

本来、数字で表せない情報を示す変数

1.3 変数の尺度

変数により計測のされかたが異なるため、変数の尺度（scale）に注意する必要があります。

1 量的変数：比率尺度

数の比に意味のある数であり、0は対象が存在しないことを意味します。

たとえば、金額・数量を示す数値は**比率尺度**です。比率尺度では加減乗除が可能です。

比率尺度（ratio scale）

- 数の比が意味を持つ数
- 加減乗除の計算ができる
- 0は対象が存在しないことを意味する

2 量的変数：間隔尺度

間隔尺度に該当する変数は、数値の間隔に意味がある数値であり、0が対象の存在しないことを意味しません。たとえば、温度が代表的な間隔尺度です。0度は温度が存在しないことを意味しません。また摂氏と華氏とで0の意味が異なります。

摂氏の0℃が華氏では32度を意味します[*1]。0がない変数もあります。たとえば西暦では0世紀はありません。間隔尺度では、足し算と引き算に意味があります。

間隔尺度（interval scale）

- 数字の間隔が意味を持つ数
- 加減の計算が意味を持つ
- 0が対象の存在しないことを意味しない

3 質的変数：順序尺度

質的変数の順序尺度は、文字どおり順序を示す数値です。大小関係に意味があります。加減乗除に意味はありません。たとえば、4位から3位を引いた1は順位の差を示すのであり、1位を意味するのではありません。

順序尺度（ordinal scale）

- 大小関係に意味がある
- 加減乗除に意味がない

4 質的変数：名義尺度

質的変数の名義尺度は、観測対象の情報を示している数字であり、数字の大小には意味がないことが多いです。たとえば、学籍番号や性別を示すために、男性なら1、女性なら0としている場合を挙げることができます。この名義尺度では、数字の加減乗除が意味を持ちません。

名義尺度（nominal scale）

- 観測対象の情報を数にしている変数
- 加減乗除に意味がない

---

*1　摂氏と華氏の違いは時々、混乱をもたらします（ヘミングウェイ『A Day Wait』）。

5 尺度の変換

変数の尺度は変換が可能です。「比率尺度→間隔尺度→順序尺度→名義尺度」の順序で、尺度を変換できます。

例 1.2：比率尺度の変換

表1.1のトマトの価格は比率尺度ですが、間隔尺度、順序尺度に変換が可能です。**表1.3**には、2列目のトマトの価格を他の尺度に変換後のデータを示しています。3列目は最高額の60円を100に変換したデータを示しています。4列目は順位を示しています。トマトの価格は、名義尺度に変更することもできます。1列目の価格データをそのまま名義尺度として読み替えることもできますが、トマトに関連する品種や生産地などの情報を利用して名義尺度に変換することもできます。5列目はトマトの品種(A、B、C)により置き換えたデータを示しています。

表1.3　トマト価格のデータ

消費者	価格（比率）	価格指数（間隔）	順位（順序）	品種（名義）
1	60	100	3	C
2	50	83.3	2	A
3	40	66.7	1	B

1.4 観測期間から見たデータの種類

データの観測期間によってもデータを分類することができます。

まず、一時点で観測されたデータのことを**横断面データ**（**クロスセクションデータ**）と呼びます。**表1.4**は、1995年から2016年までのG7の国々の一人当たりGDPをまとめた表です。この表で一つの年だけの、七カ国のデータがクロスセクションデータに当たります。

表 1.4　G7の一人当たり実質GDP（2010年アメリカドル）

暦年	カナダ	フランス	ドイツ	イタリア	日本	イギリス	アメリカ
1995	37,569	34,146	34,783	32,830	40,369	30,675	38,678
1996	37,766	34,497	34,966	33,243	41,515	31,373	39,682
1997	38,968	35,179	35,560	33,835	41,862	32,556	40,966
1998	40,132	36,296	36,259	34,372	41,277	33,480	42,293
1999	41,856	37,340	36,955	34,902	41,098	34,442	43,769
2000	43,638	38,522	37,998	36,181	42,170	35,577	45,056
2001	43,965	38,990	38,578	36,801	42,239	36,342	45,047
2002	44,884	39,141	38,513	36,838	42,191	37,078	45,429
2003	45,240	39,183	38,218	36,730	42,744	38,133	46,304
2004	46,171	39,979	38,674	37,070	43,672	38,813	47,614
2005	47,182	40,317	38,969	37,239	44,394	39,741	48,756
2006	48,035	40,988	40,457	37,872	44,996	40,419	49,575
2007	48,553	41,697	41,832	38,237	45,687	41,050	49,980
2008	48,511	41,545	42,365	37,585	45,166	40,536	49,365
2009	46,544	40,116	40,086	35,363	42,725	38,546	47,576
2010	47,447	40,703	41,786	35,849	44,508	38,893	48,374
2011	48,457	41,349	44,125	35,994	44,539	39,151	48,783
2012	48,724	41,225	44,259	34,885	45,277	39,455	49,498
2013	49,359	41,249	44,355	33,887	46,249	39,997	49,977
2014	50,222	41,431	45,023	33,616	46,484	40,909	50,881
2015	50,304	41,690	45,413	33,969	47,163	41,537	51,957
2016	50,407	42,016	45,846	34,318	47,661	42,040	52,364

出所：World Bank Open Dataより

次に、複数の時点で観測されたデータのことは**時系列データ**と呼びます。表1.4の中で、1995年から2016年までの一国のデータが、時系列データに当たります。そして、時系列データと横断面データとを組み合わせたデータのことを**パネルデータ**と呼びます。したがって、表1.4は1994年から2016年までの七カ国のパネルデータになります[*2]。

***2**　近年、我が国でも多くのパネル調査が行われるようになりました。これらについては田中（2013）を参照ください。

観測期間から見たデータの種類

- 横断面データ（cross-section data）
  同一時点に数多くの観測対象を観測したデータ
- 時系列データ（time series data）
  同一観測対象を異なる時点で観測したデータ
- パネルデータ（panel data）
  異なる時点で数多くの観測対象を観測したデータ

CHAPTER

2

データをグラフ化しよう

データとその特徴をまとめる分析を**記述統計分析**(descriptive statistical analysis)と呼びます。このための有効な方法がグラフを描くことです。いろいろなグラフがありますが、ここでは、実際の分析によく使われる、棒グラフ、度数分布表・ヒストグラム作成の方法、折れ線グラフ、そして地図を用いたグラフについて述べます。

2.1 棒グラフ

1 棒グラフ

データの量を目盛りに表示するグラフが**棒グラフ**(bar plot)です。たとえば、**表2.1**は2017年10月1日の日本の年齢階層ごとの人口を示す表です。この人口の棒グラフが**図2.1**です。縦軸に人口を、横軸に年齢階層を示しています。縦軸と横軸を逆にしてもよいです。

表2.1：都道府県ごとの人口（2017年10月1日、単位：千人）

都道府県名	総人口	都道府県名	総人口	都道府県名	総人口	都道府県名	総人口
北海道	532	東京都	1,372	滋賀県	141	香川県	97
青森県	128	神奈川県	916	京都府	260	愛媛県	136
岩手県	126	新潟県	227	大阪府	882	高知県	71
宮城県	232	富山県	106	兵庫県	550	福岡県	511
秋田県	100	石川県	115	奈良県	135	佐賀県	82
山形県	110	福井県	78	和歌山県	95	長崎県	135
福島県	188	山梨県	82	鳥取県	57	熊本県	177
茨城県	289	長野県	208	島根県	69	大分県	115
栃木県	196	岐阜県	201	岡山県	191	宮崎県	109
群馬県	196	静岡県	368	広島県	283	鹿児島県	163
埼玉県	731	愛知県	753	山口県	138	沖縄県	144
千葉県	625	三重県	180	徳島県	74		

出所：総務省統計局『人口推計（平成29年10月1日現在）』
https://www.stat.go.jp/data/jinsui/2017np/index.html（閲覧日:2019年10月1日）

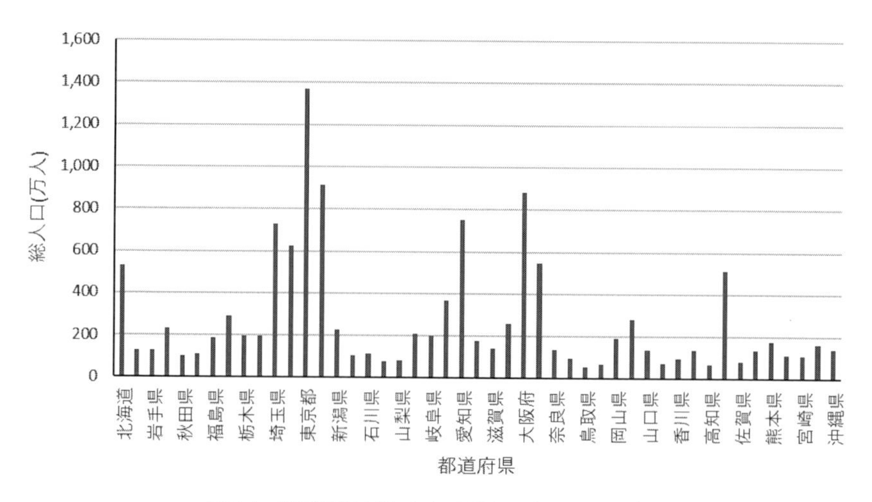

図2.1　都道府県ごとの人口（2017年10月1日）

2 Excelによる演習：棒グラフの作成

棒グラフの作成

図2.1の作成には、Excelのグラフ作成機能を利用することができます。

1. **図2.2**のように都道府県名と人口のデータを選択します。
2. 「挿入」のタブより、棒グラフのアイコンを選択します。
3. 横軸に実線を引きます。横軸の都道府県名にマウスを合わせ右ボタンを押します。「軸の書式設定」を選択します。「軸のオプション」から「線（単色）」を選択します。太さや線の種類を選ぶこともできます。
4. 同様にして、縦軸にも実線を引きます。同様に縦軸の目盛りにマウスを合わせ右ボタンを押し、「軸の書式設定」を選択し、「軸のオプション」から「線（単色）」を選択します。
5. 縦軸と横軸にラベルを記入します。グラフをマウスで選択すると、右上に「＋」のマークが出ます。そこをマウスでクリックすると「軸ラベル」が出ますので、チェックを入れます。軸ラベルを記入します。
6. 図の上に「総人口（万人）(2017)」とタイトルが出ますが、好みに合わせて、残しても消してもよいです。消す場合には、マウスを合わせ右ボタンを選択し「削除」を選びます。

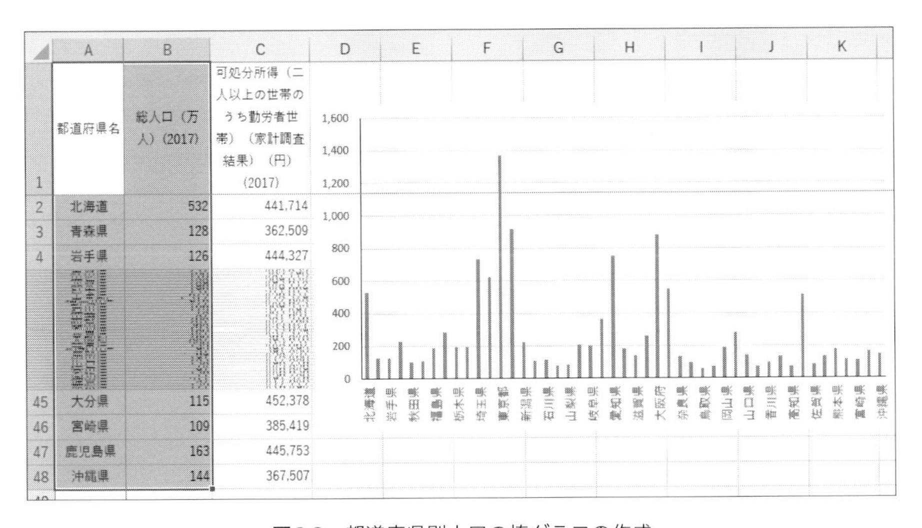

図2.2 都道府県別人口の棒グラフの作成

練習問題2.1

都道府県データから、都道府県別の棒グラフを作成しなさい。

2.2 度数分布表とヒストグラム

量的変数の分布を知るために使われるのが**ヒストグラム**(histgram)です。皆さんも作成したことがあり、なじみのあるグラフだと思います。

1 量的変数の度数分布表とグラフ

度数分布表

度数分布表(frequency table)とは、データの値をもとにして、データを階級と呼ばれるグループに分け、その階級に属するデータを数え、表にまとめたものです。

度数分布表作成の手順

1. **範囲**(range)を、**最大値**(maximum)から**最小値**(minimum)を引いて求めます。

   $$R = \text{最大値} - \text{最小値}$$

2. 階級の幅と数を決めます。

   階級(class)とは、データをその値に基づいて分類したグループを指します。度数分布表の作成のためには、この階級の数と階級の幅を決める必要があります。これらは、図表の見やすさ、作りやすさを考慮して定めます。

   - 階級の数 J は、観測値数の平方根 $\sqrt{n}$ を目安にします[*1]。

     $$J \approx \sqrt{n}$$

   - 階級の幅 h は、範囲 R を階級数 J で割って得られる値を目安とします。

     $$h \approx \frac{R}{J}$$

3. 各階級に属するデータの数(度数 f)を数えます。

*1　他に、スタージェスの公式(階級数 $= 1 + \log_2^n$)もあります。

例2.1：試験の結果

表2.2は、某科目の期末試験の結果です。35人の受験者がいました$(n = 35)$。度数分布表を、上記の手順に従い作成します。

表2.2　試験の得点結果

i	得点	i	得点	i	得点	i	得点
1	35	11	54	21	33	31	44
2	85	12	54	22	74	32	58
3	74	13	33	23	63	33	81
4	76	14	47	24	21	34	58
5	52	15	58	25	42	35	55
6	37	16	89	26	55		
7	17	17	61	27	70		
8	29	18	91	28	38		
9	44	19	51	29	98		
10	75	20	40	30	48		

1. 最小値は17点、最大値は98点でした。これらより範囲は$98 - 17 = 81$点です。
2. 階級の数の目安として観測値数の平方根を求めます。$\sqrt{35} = 5.92$となり、階級の数の目安は6となります。しかし、階級の数を5にした場合、階級の幅を20点と定めることができるので、分かりやすさを優先し、ここでは階級の数を5とします。階級は、上限と下限をカッコを使って表します。四角カッコ「[ ]」は、**閉区間**(closed interval)と呼ばれ、階級の境界の値を含みます。xが5以上6以下($5 \leq x \leq 6$)の値を取る場合、[5,6]と示します。丸カッコ「( )」は、**開区間**(open interval)と呼ばれ、境界の値を含みません。xが7より大きく、8より小さい値を取る場合($7 < x < 8$)、(7,8)と示します。これらを組み合わせた区間は**半開区間**(half-open interval)と呼ばれます。xが0以上20未満($0 \leq x < 20$)の値とする場合には、[0,20)と書きます。
3. 各階級に属する観測値を数えます*2。この際に、各階級を代表する代表値も定めておきます。このようにして作られた度数分布表が**表2.3**です。

***2**　手計算で作成する場合には、森田・久次(1993, p.18)で紹介されている、4つ目の度数までを縦線で、5つ目の度数に斜め線を引いていく、画線法が便利です。

表2.3　期末試験の度数分布表

階級	代表値	階級幅	(1)度数	(2)階級幅一単位当たり度数	(3)相対度数	(4)密度	(%)
[0,20)	10	20	1	0.05	0.029	0.001	0.14
[20,40)	30	20	7	0.35	0.200	0.010	1.00
[40,60)	50	20	15	0.75	0.429	0.021	2.14
[60, 80)	70	20	7	0.35	0.200	0.010	1.00
[80,100)	90	20	5	0.25	0.143	0.007	0.71
合計			35	1.75	1	0.05	5.00

(1)度数。
(2)横幅1単位当たりの度数：棒の面積が観測値の数になる。
(3)相対度数＝各階級の度数/観測値の数(35)。
(4)密度＝各階級の相対度数/ 階級の幅(20)。
(%)は(4)密度を100倍して%で表示した値。

グラフの作成

度数分布表をもとにして、グラフを作成することができます。下記では、4種類のグラフを紹介します(**図2.3**)。

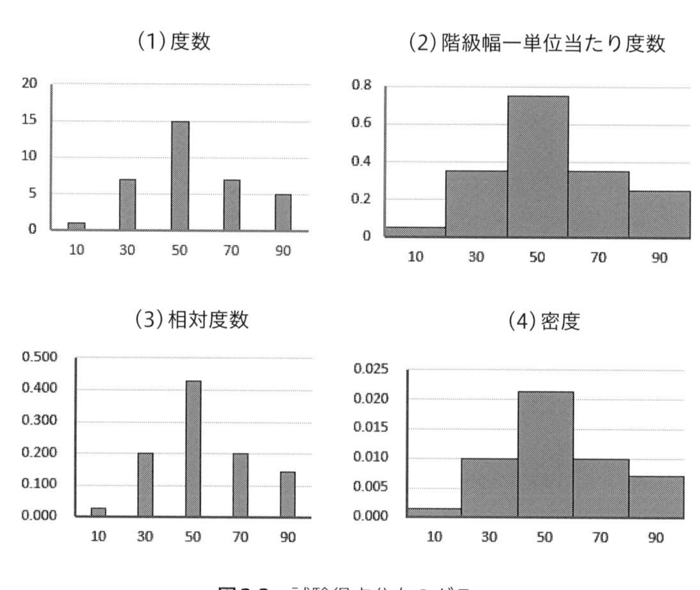

図2.3　試験得点分布のグラフ

(1) 度数の棒グラフ

表2.3(1)にある度数を棒の高さで示したのが、棒グラフです。横軸を階級、縦軸に度数を取ります(図2.3(1))。

度数(frequency)

$$度数 = 各階級に含まれる観測値の数 \tag{1}$$

(2) 階級幅一単位当たり度数のヒストグラム

表2.3の(2)にある度数を階級幅で割った値を、**階級幅一単位当たり度数**と呼びます[*3]。

階級幅一単位当たり度数

$$階級幅一単位当たり度数 = \frac{度数}{階級幅} \tag{2}$$

表2.3の階級[0,20)の場合、度数が1なので、これを階級幅20で割り、階級幅一単位当たり度数は、$1/20 = 0.05$となります。この値に、階級幅20を掛けると度数になることに注意してください。グラフを描く場合、この値を縦軸に取り、横幅を階級幅とすると、棒の面積は度数となります。各階級の棒の間隔が空かないように作成したグラフがヒストグラムです(図2.3(2))。全面積は観測値の数に等しくなります。

(3) 相対度数

各階級の度数を観測値数で割った値を**相対度数**と呼びます。

相対度数(relative frequency)

$$相対度数 = \frac{度数}{観測値の数} \tag{3}$$

***3**　三土(1997)2章は、「横幅1単位分の度数」と呼んでいます。

表2.3の階級[0,20)の場合、度数が1なので、これを観測値の数に該当する度数の合計で割ります（$1/35 = 0.029$）。ここでは、小数点以下第4位を四捨五入しました。縦軸に相対度数、横軸に階級を取ったグラフは、棒グラフです（図2.3(3)）。

(4) 階級幅一単位当たり相対度数（密度）

相対度数を階級幅で割った値を、**階級幅一単位当たり相対度数**と呼びます。**密度**とも呼ばれます。

密度（density）

$$\text{密度} = \frac{\text{相対度数}}{\text{階級幅}} \tag{4}$$

表2.3の階級[0,20)の場合、相対度数が0.029なので、これを階級幅20で割ります（$0.029/20 = 0.001$）。ここでは、小数点以下第4位を四捨五入しました。また、この場合小数点以下の桁が多くなるので、100倍して％で表すことも可能です。

グラフを描く場合、この値を縦軸に取り、横幅を階級幅とすると、棒の面積は相対度数となります。各階級の棒の間隔が空かないようにして作成したグラフが、**ヒストグラム**です（図2.3(2)）。全面積の合計が1となります。

横幅一単位当たり度数の優れた点

度数分布表の階級の幅は、どの階級でも一定でなくてもよいです。階級の幅が広い区間と狭い区間とを混在させることができます。**表2.4**は、『平成27年度 民間給与実態統計調査』からの給与階級別の給与所得者数の度数分布表です。1,000万円までは、階級の幅が100万円であるのに対して、1,000万円以上から2,500万円については、階級の幅が500万円となっています。ただし、2,500万円以上については上限はないので、便宜的に階級の幅を1,000万円としました。これを見ると、1,000万円より多く1,500万円以下の階級では、度数が増えていることが分かります。これは、階級の幅が変化したためです。このことに注意せずに、度数を縦軸に取った**図2.4A**の棒グラフを見ると、この階級の度数が増えているように見えます。しかし、階級幅一単位当たりに調整した**図2.4B**では、そのような印象を与えません。

表 2.4　給与階級別所得者数

区分 / 給与階級	階級	階級幅	給与所得者数 (度数)	階級幅 一単位当たり度数
100万円以下	(0,100]	100	4,115,557	41155.57
200　〃	(100,200]	100	7,192,346	71923.46
300　〃	(200,300]	100	7,802,001	78020.01
400　〃	(300,400]	100	8,379,045	83790.45
500　〃	(400,500]	100	6,776,871	67768.71
600　〃	(500,600]	100	4,629,234	46292.34
700　〃	(600,700]	100	2,837,103	28371.03
800　〃	(700,800]	100	1,946,401	19464.01
900　〃	(800,900]	100	1,314,371	13143.71
1,000　〃	(900,1000]	100	853,835	8538.35
1,500　〃	(1000,1500]	500	1,539,180	3078.36
2,000　〃	(1500,2000]	500	335,306	670.612
2,500　〃	(2000,2500]	500	101,015	202.03
2,500万円超	(2500,]	1000	117,463	117.463
計			47,939,728	

出典：『平成27年度・民間給与実態統計調査結果』第3表　「給与階級別の総括表」
https://www.nta.go.jp/information/release/kokuzeicho/2016/minkan/index.htm より作成。

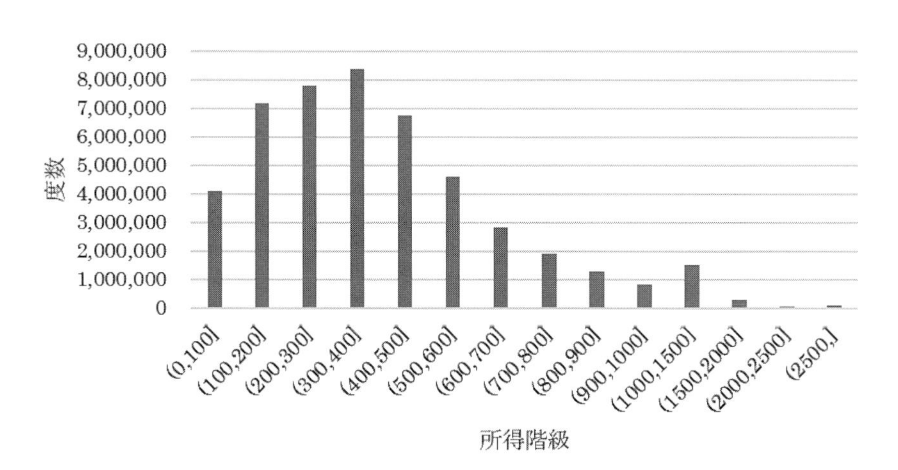

図 2.4A　所得階級別・給与所得者数のグラフ：縦軸が度数の場合

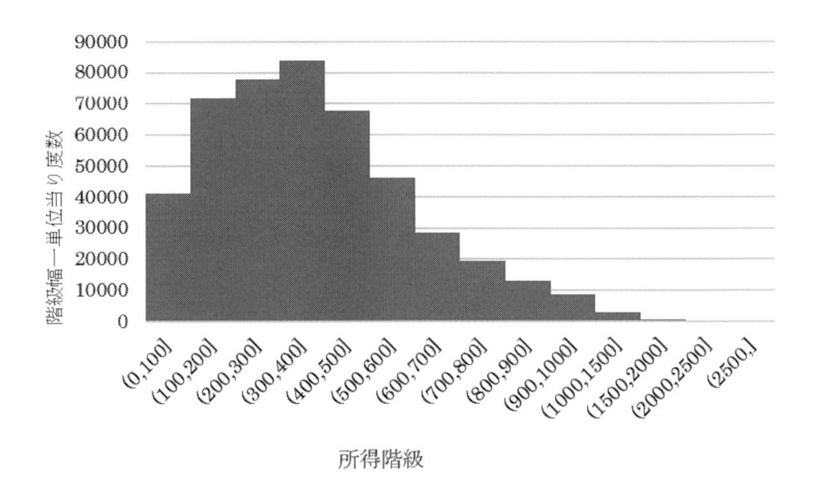

図2.4B　所得階級別・給与所得者数のグラフ：縦軸が階級幅一単位当たり度数の場合

分布の種類

次に、分布の形について見ていきます。**図2.5**のように、右裾の方向に長い傾斜を持つヒストグラムのことを「右に歪(ゆが)んだ分布(distribution skewed to the right)」と呼びます。

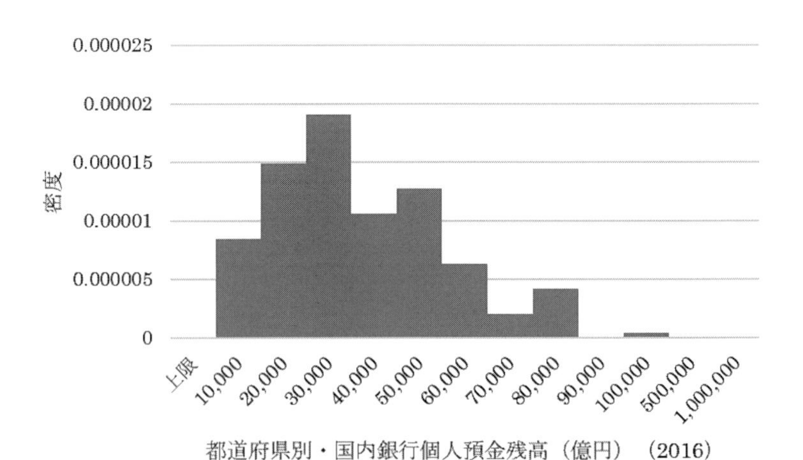

出所：総務省統計局『統計でみる都道府県のすがた2016』
http://www.e-stat.go.jp/SG1/estat/GL08020103.do?_toGL08020103_&tclassID=000001068040&cycleCode=0&requestSender=search（接続日：2017年5月5日）

図2.5　都道府県別・国内銀行個人預金残高

図2.6のように、左裾の方向に長い傾斜を持つヒストグラムのことを「左に歪(ゆが)んだ分布（distribution skewed to the left）と呼びます。

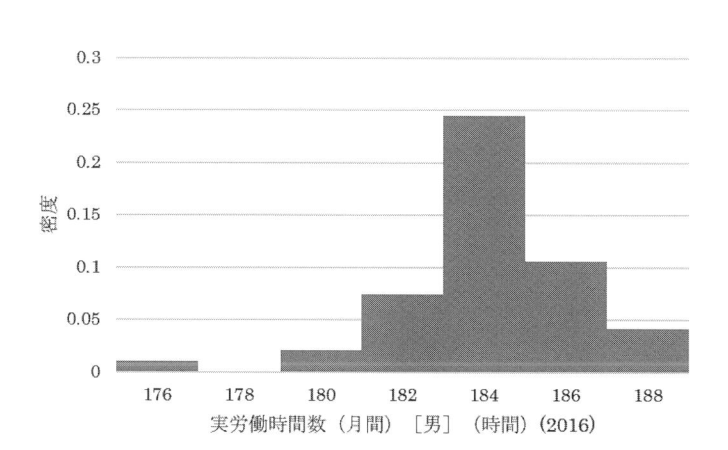

出所：総務省統計局『統計でみる都道府県のすがた2016』
http://www.e-stat.go.jp/SG1/estat/GL08020103.do?_toGL08020103_&tclassID=000001068040&cycleCode=0&requestSender=search（接続日：2017年5月5日）

図2.6　都道府県の平均実労働時間（男性・月間）

図2.7の都道府県別日照時間の分布のように、二つの山が見られる分布のことを「二こぶ型の分布」、「双峰型の分布」（Bimodal distribution）と呼びます。

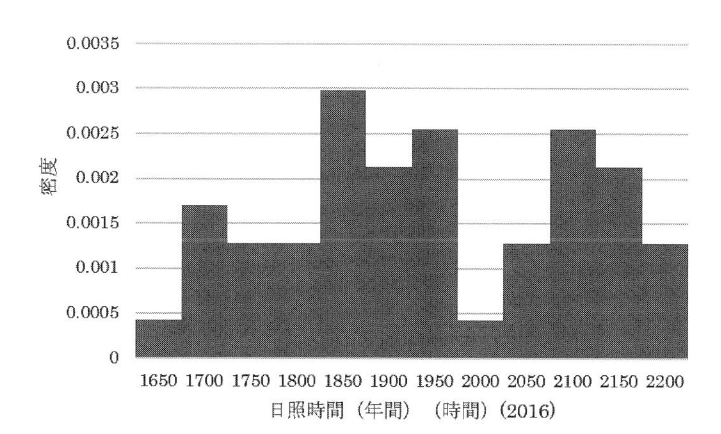

出所：総務省統計局『統計でみる都道府県のすがた2016』
http://www.e-stat.go.jp/SG1/estat/GL08020103.do?_toGL08020103_&tclassID=000001068040&cycleCode=0&requestSender=search（接続日：2017年5月5日）

図2.7　都道府県の平均日照時間

2 Excelによる演習：ヒストグラムの作成

図2.6の2016年都道府県単位の男性の月間実労働時間数のヒストグラムを作成します。

Excel2016以降では、ヒストグラムを以下の手順で作成できます。

①ヒストグラムの作成

データ（項目、変数名、観測値）を選択します。「挿入」タブ→「グラフ」グループ→「統計」→「ヒストグラム」を選択します（**図2.8**）。

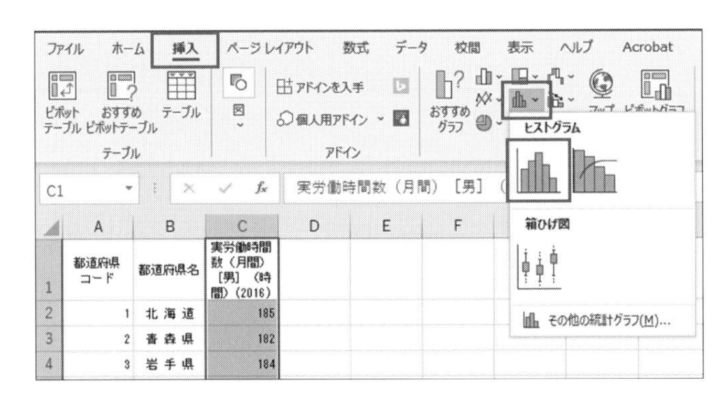

図2.8　ヒストグラムの作成

②グラフの調整

棒グラフやヒストグラムの棒はビン（bin）と呼ばれます。このビンの調整をします。このビンの下限と上限について、下限は開区間、上限は閉区間となります。横軸目盛りにマウスのポインタを合わせ、右ボタンをクリックし、「軸の書式設定」を選びます（**図2.9**）。

- **ビンの数（階級数）を変更する**

  「軸の書式設定」より、「軸のオプション」アイコン→「ビン」→「ビンの数」にチェックを入れ、入力欄に $\sqrt{観測値数}$ の値を目安に入力します。

- **ビンの幅（階級幅）を変更する**

  「軸の書式設定」より、「軸のオプション」アイコン→「ビン」→「ビンの幅」にチェックを入れ、入力欄に任意の値を入力します。

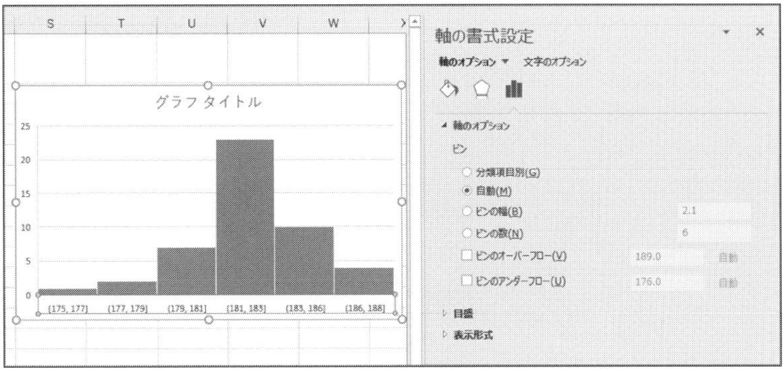

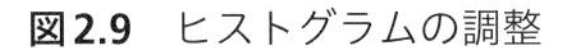

図2.9　ヒストグラムの調整

縦軸・横軸のラベルを付ける

- 「グラフのデザイン」タブ→「グラフ要素を追加」→「軸ラベル」→「第1縦軸」または「第1横軸」を選択します。

別のやりかたもあります。

- マウスでグラフをクリックすると右上に出現する「＋」をクリックして、「軸ラベル」にチェックを入れると、グラフ上の縦軸と横軸に「軸ラベル」の欄が出てきますので、そこに直接書き込みます。

> **練習問題2.2**
>
> 都道府県データの中から、どれかデータを選択して、ヒストグラムを作成しなさい。

2.3 折れ線グラフ

時系列データから、観測時点と変数の変化の関係を見るためには、**折れ線グラフ**(line graph)が有効です。時系列データの場合、その変数の観測されている周期(frequency)に注意します。**観測周期**には、次のような種類があります。

- 観測周期（frequency）
- 暦午（calendar year）：1から12月
- 年度（fiscal year）：4月から翌年3月
- 四半期（quarterly）
  第1四半期（first quarter：Q1）：1から3月
  第2四半期（second quarter：Q2）：4から6月
  第3四半期（third quarter：Q3）：7から9月
  第4四半期（fourth quarter：Q4）：10から12月
- 月次（monthly）
- 日次（daily）※仕事日（work day）の場合は土日が含まれない

1 変数の水準

分析の目的に応じて変数を変換することが行われます。変数のそのままの値を水準（level）と呼びます。変数の大きさの推移を知りたい場合には、変数の水準を使って折れ線グラフを作成するとよいです。

図2.10は、国内総生産（Gross Domestic Products：GDP）の暦年での1994年から2017年までの推移を表しています。点線が物価水準が調整されていない名目値の推移を、実線が物価水準が調整された実質値の推移を示しています。

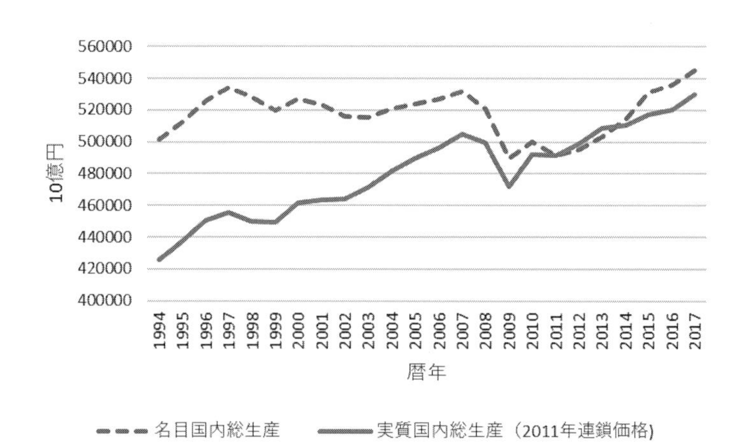

出所：内閣府『2017年度国民経済計算（2011年基準・2008SNA）』
https://www.esri.cao.go.jp/jp/sna/data/data_list/kakuhou/files/h29/h29_kaku_top.html（接続日：2019年11月10日）

図2.10　国内総生産GDPの推移

図2.11は、観測周期が四半期の場合のGDPの推移を示しています。これを見ると、第2四半期が落ち込み、第4四半期で上昇する傾向が見られます。このような季節に応じた変動のことを**季節変動**(seasonal variation/fluctuation)と呼びます。このような季節変動があると、経済的な理由によるデータの変化の大きさが分からないので、**図2.12**のように、季節変動を除いた季節変動調整済系列が求められています。ただし縦軸の値は、図2.11に比べて大きな値になっていることに注意してください。季節調整済GDPは、観察された四半期の状態が1年間続いた場合の数値である、年率変換値が求められているためです。実際の分析では、4で割って四半期単位に直してから分析に使用します。

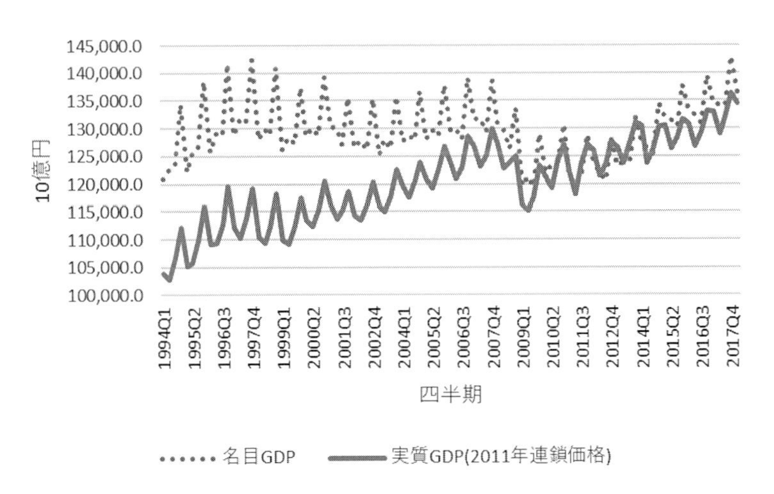

出所：内閣府『2017年度国民経済計算(2011年基準・2008SNA)』
https://www.esri.cao.go.jp/jp/sna/data/data_list/kakuhou/files/h29/h29_kaku_top.html(接続日：2019年11月10日)

図2.11　四半期単位での国内総生産GDPの推移

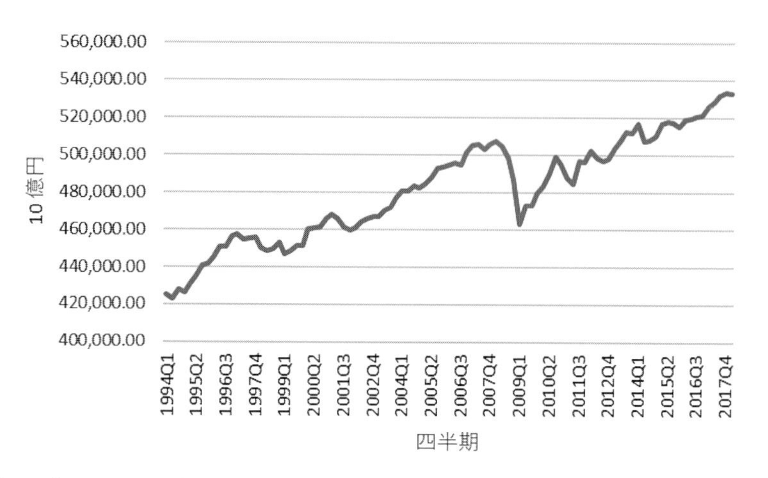

出所：内閣府『国民経済計算（GDP統計）：統計表一覧』
https://www.esri.cao.go.jp/jp/sna/data/data_list/sokuhou/files/2019/qe191/gdemenuja.html
（接続日：2019年11月10日）

図2.12　四半期単位での季節調整済国内総生産GDPの推移

2 変数の変化率

変数の変化を知りたい場合があります。そのような場合には、変化の統計量を計算します。変化の統計量は、x_t を t 時点の変数の水準値とすると次のように変換して求めることができます。

変化の統計量

（1）**水準値の変化（差分：difference）**

$$\Delta x_t = x_t - x_{t-1} \tag{5}$$

（2）**変化率（change rate）（%）**

$$y_t = \frac{\Delta x_t}{x_{t-1}} = \frac{x_t - x_{t-1}}{x_{t-1}} \tag{6}$$

100倍して％で示すことも多い。

差分は、前期に観測された値との差を求めた数値です。ただし、この値は10増加した場合でも、1から10増えた場合と、100から10増えた場合との区別をすることができません。そこで、前期の値 x_{t-1} に比べて、どのくらい変化したのかを示すのが変化率です。**図2.13**は、名目と実質のGDP成長率のグラフです。また、変化率の差を「ポイント」という言葉で示します。

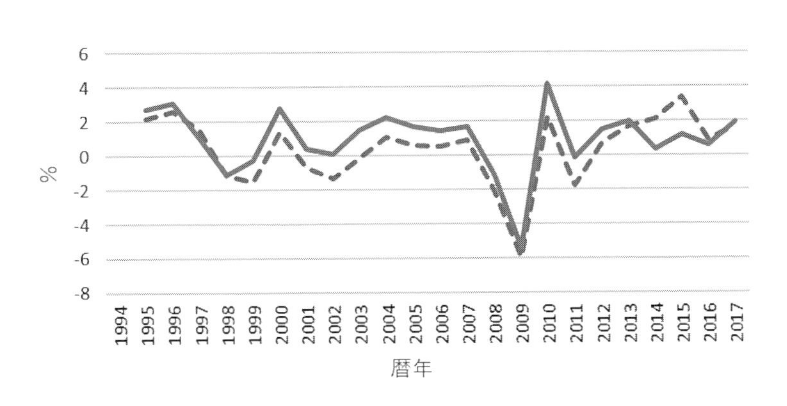

出所：内閣府『2017年度国民経済計算（2011年基準・2008SNA）』
https://www.esri.cao.go.jp/jp/sna/data/data_list/kakuhou/files/h29/h29_kaku_top.html（接続日：2019年11月10日）

図2.13　国内総生産GDP変化率の推移

月単位や四半期単位で観測される場合、季節に特有な変動である季節変動が見られる場合があります。季節変動の見られる時系列データの変化率は、次の二つの方法があります。

季節性のある四半期の時系列データでの変化率

(1) **対前期変化率**

$$y_t = \frac{\Delta x_t}{x_{t-1}} = \frac{x_t - x_{t-1}}{x_{t-1}} \tag{7}$$

(2) **対前年同期比**

$$y_t = \frac{\Delta_4 x_t}{x_{t-4}} = \frac{x_t - x_{t-4}}{x_{t-4}} \tag{8}$$

対前期変化率は、水準値の変化率の計算方法と同じです。このようにして求めたのが、**図2.14**の点線が実質GDPの対前期変化率になります。この場合、水準値の季節変動が、変化率に直した場合でも見られることが分かります。しかし、図2.14の実線のような対前年同期比の場合には、季節変動が除かれた場合の変化率が求められています。

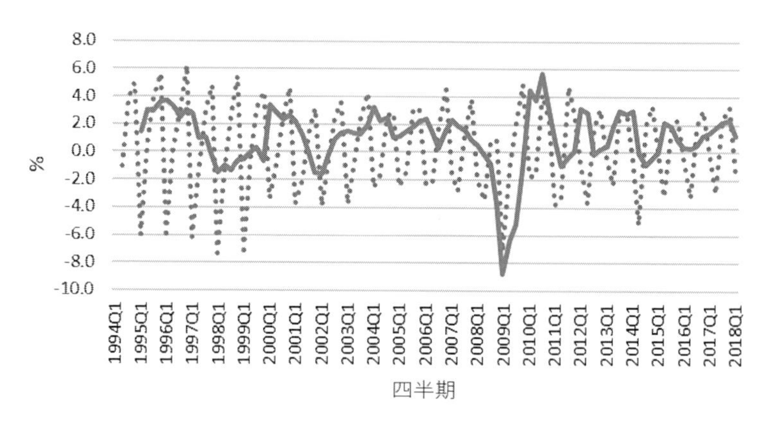

出所：内閣府『2017年度国民経済計算（2011年基準・2008SNA）』
https://www.esri.cao.go.jp/jp/sna/data/data_list/kakuhou/files/h29/h29_kaku_top.html

図2.14　四半期単位での実質国内総生産GDP変化率の推移

3 Excelによる演習：折れ線グラフの作成

Excelで折れ線グラフは、以下の手順で作成できます。

①折れ線グラフの作成

1. グラフにしたいデータ（期間、変数名、観測値）を選択します（**図2.15**）。
2. 「挿入」タブ→「グラフ」グループ→「折れ線グラフの挿入」→「2D折れ線」→「折れ線グラフ」を選択します。

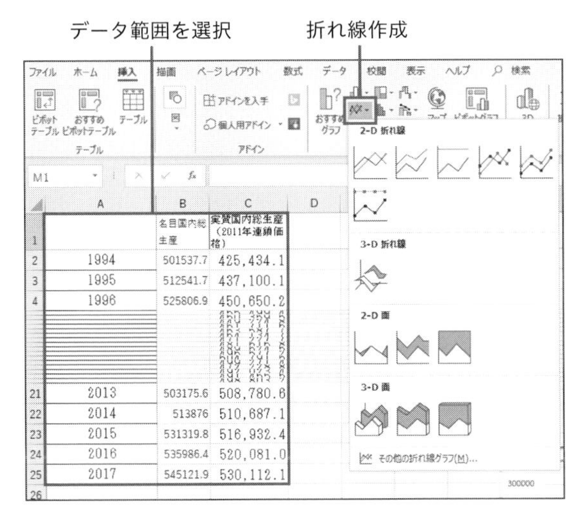

図2.15　折れ線グラフの作成

変化率の計算

1. 変化率を計算するためには、水準変数の隣に、変化率を計算するための列を挿入します。
2. 変化率を計算します（図2.16）。
3. グラフにしたい変化率のデータ（期間、変数名、観測値）を選択します。「挿入」タブ→「グラフ」グループ→「折れ線グラフの挿入」→「2D折れ線」→「折れ線グラフ」を選択します。

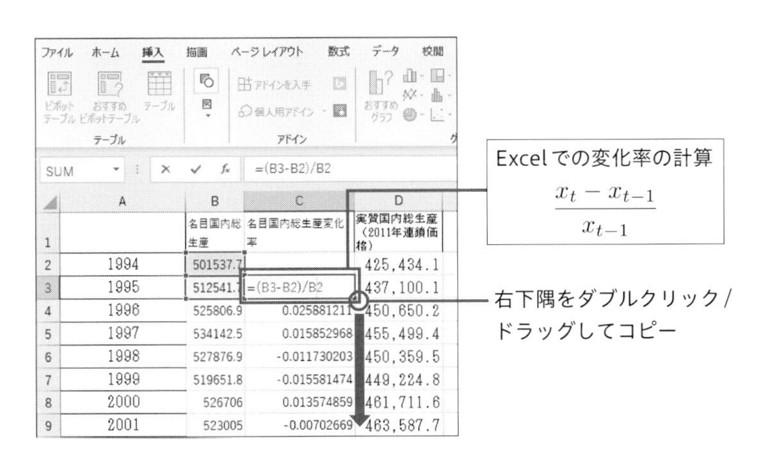

図2.16　変化率の計算

②グラフの調整

タイトル

- **グラフタイトルを付けるとき**

  タイトルを見ただけで、グラフの内容が分かるタイトルを付けましょう。

横軸の調整

- **横軸の文字列の表示方向を変更する**

  横軸上で右クリック→「軸の書式設定」で軸のオプションが表示されるので、「サイズとプロパティ」に切り替えます。「配置」→「文字列の方向」→「左へ9 度回転」を選択します。

縦軸の調整

- **目盛りの間隔や範囲を調整する**

  縦軸上（目盛り上）で右クリック→「軸の書式設定」で軸のオプションが表示されるので、「境界値」や「目盛間隔」を調整します。

- **縦軸の単位を縦軸の上部に付ける**

  「挿入」タブ「テキスト」グループ→「テキストボックス」ボタン→「横書きテキストボックス」→単位を挿入したい箇所にボックスを作成→単位を入力します。

凡例

- **折れ線の変数名を表記する**

  グラフ作成時に、折れ線になる値の説明のセルも含んで選択することで自動的に作成されます。

③変化率の折れ線グラフの追加調整

横軸の調整

- **横軸ラベルの表示位置を下げる**

  横軸ラベルの上で右クリック→「軸の書式設定」→「軸のオプション」→「ラベル」→「ラベルの位置」→「下端／左端」を選択します。

縦軸の調整

- **縦軸の値を「%（パーセントスタイル）」に変更する**

  縦軸の上で右クリック」→「軸の書式設定」→「軸のオプション」→「表示形式」→「カテゴリ」→「パーセンテージ」を選択します。

2.4 地図を用いたグラフ：主題図

多くのデータは、地理空間的な位置情報を持っています。たとえば、人口やGDPは国や県といった行政単位をもとに集計されており、地価や家賃は住所や緯度・経度の座標と紐づいてデータが収集されています。こうした位置情報を持つ**空間データ**(spatial data)から、位置と変数の地理空間的な関係を見るためには、地図に関連させてデータの特徴を表す**主題図**(thematic map)が有効です。表や折れ線グラフからは分かりづらいデータの地理空間的な特徴や傾向を、地図と合わせることで視覚的に分かりやすく表現することができます。

図2.17は、東アジア地域の2017年のGDPを表した主題図です。各国／地域が塗られた色が、白から黒になるほどGDPが多いことを表しています。同様に、**図2.18**は、日本の都道府県別人口の主題図です。図から、東京都や大阪府、愛知県などの大都市を持つ都道府県で人口が多いことが一目で分かります。

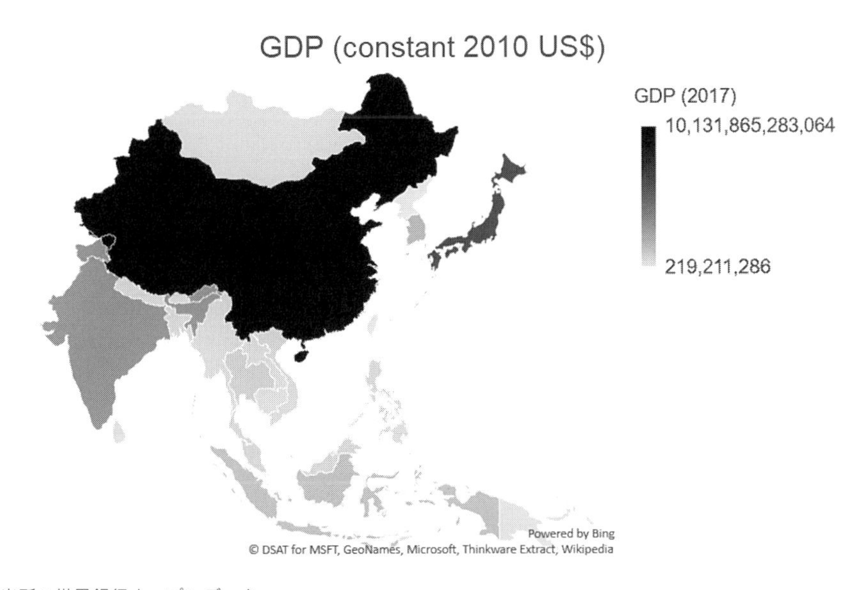

出所：世界銀行オープンデータ
https://data.worldbank.org/indicator/NY.GDP.MKTP.KD

図2.17　東アジア地域のGDP

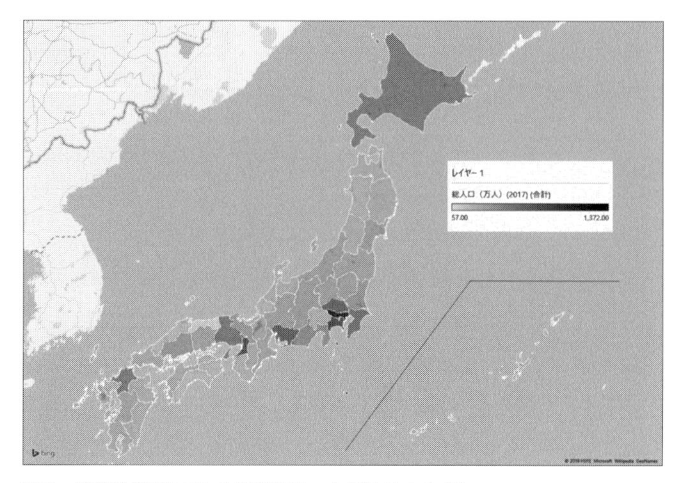

出所：総務省『統計でみる都道府県・市区町村のすがた』
　　　https://www.stat.go.jp/data/ssds/index.htm

図2.18　都道府県別人口

図2.19は、東京都内における2019年の地価公示の標準地における地価（円／㎡）を表した主題図です。地価の大きさに応じた高さを図にして表現しています。この図からは、東京駅や新宿駅、渋谷駅の周辺が他の地点に比べて高くなっていることなどが分かります。地域的特徴を地図や3次元の表示方法を用いることでより分かりやすくすることができます。

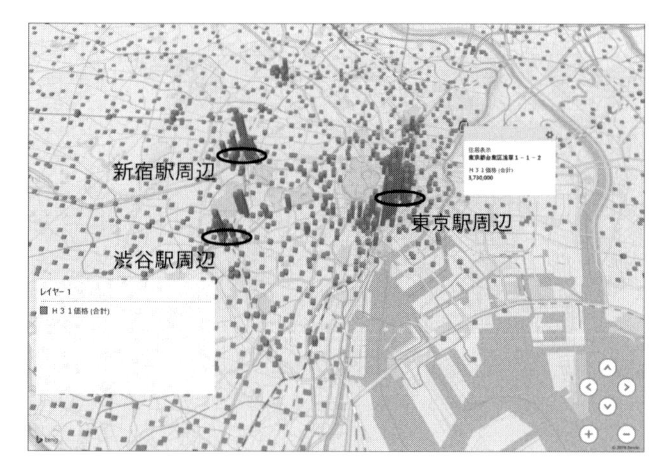

出所：国土数値情報
　　　http://nlftp.mlit.go.jp/ksj/index.html

図2.19　東京都における2019年の地価公示データ（円／㎡）

1　Excelによる演習：主題図の作成

2

データの取得

Excel 2016以降(.xlsx)の場合、国名や地域名が入力されたセルを用いて、人口やGDPなどのデータを取得することも可能です。

国あるいは地域に関するセルを選択し、「データ」タブ→「データの種類」→「地理」をクリックすると、人口やGDPなどのデータを取得することができます(**図2.20**：国名の左横に地図マークが付きます)。

	A	B	C	D
1				
2		**Country**	**GDP (2017)**	
3		China	10,131,865,283,064	
4		Japan	6,141,356,248,124	
5		South Korea	1,345,945,672,417	
6		Mongolia	12,443,108,088	
7		Vietnam	175,284,081,081	
8		Laos	11,862,806,042	
9		Thailand	424,163,560,844	
10		Cambodia	18,215,853,799	
11		Palau	219,211,286	
12		Myanmar	79,495,831,533	
13		Malaysia	364,573,903,325	
14		Sri Lanka	82,650,513,477	
15		India	2,660,371,703,953	

図2.20　国別データの取得

2D／3Dマップの作成

Excel 2016以降(.xlsx)の場合、地図に立体的なグラフを表示する「**3Dマップ**」という機能を用いて、主題図を作成できます。平面の主題図も「3Dマップ」を用いて作成できます。以下では、図2.19で用いた地価公示データの視覚化を例に説明します。なお、地価公示データは、国土交通省国土政策局国土情報課が整備している「国土数値情報・ダウンロードサービス」からダウンロードが可能です。**図2.21**のデータは、ウェブサイト(http://nlftp.mlit.go.jp/ksj/index.html)→「データ形式」→「旧統一フォーマット形式」→「テキスト」→「地価公示」から東京都の2019年のデータをダウンロードしたものです。

	A	B	C	D
1	住居表示	Ｈ３１価格	建蔽率	容積率
2	東京都千代田区一ツ橋２－６－８	1,440,000	80	600
3	東京都千代田区一番町１３番８	2,640,000	80	500
4	東京都千代田区一番町１６番３	2,960,000	60	400
5	東京都千代田区永田町２－１３－１	8,020,000	80	700
6	東京都千代田区永田町２－１７－１４	2,390,000	80	500
7	東京都千代田区霞が関１－４－１	13,900,000	80	800
8	東京都千代田区外神田１－１６－８	5,270,000	80	800
9	東京都千代田区外神田２－１３－３	1,070,000	80	500
10	東京都千代田区外神田３－８－９	2,340,000	80	600
11	東京都千代田区外神田５－２－１１	1,060,000	80	600
12	東京都千代田区丸の内１－８－２	24,500,000	80	900
13	東京都千代田区丸の内２－４－１	36,800,000	80	1300
14	東京都千代田区丸の内３－３－１	26,700,000	80	1300

図2.21　地価データ

まず、図2.21のように、まず位置情報（国名、都道府県名、市区町村名、住所など）を表す列（A列）があることを確認します。「挿入」タブ→「3Dマップ」を選択します。「3Dマップ」を選択した際、「この機能を使うには、データ分析アドインをオンにします」というポップアップが表示される場合、「有効」とします。

図2.22のように、3Dマップのウインドウが表示されたら、①グラフの種類（積み上げ縦棒、集合縦棒、バブル、ヒートマップ、地域）を指定します。次に、②場所を表す列を指定します。表示されていない場合は、フィールドの追加から、その場所を表す列名とその変数の種類（国名や市区町村、住所など）を指定します。ここでは、「住所表示」列、種類は「住所」を選択しています。続いて、③高さで表現したい変数の列、ここでは「H31価格」を指定します。最後に、④レイヤーのオプションから高さや色などを変更・設定します。

図2.22　3D マップの作成

練習問題2.3

都道府県データを用いて、変数を選択して、都道府県単位の主題図を作成しなさい。

2.5 まとめ

本章では、データの持つ特徴を示す方法として、以下のグラフの作成方法について説明をしました。

- 量的変数の特徴を示す方法として棒グラフ、円グラフ
- 棒グラフを発展させたヒストグラム
- 時間の経過とともに変化する時系列データをグラフ化する際に有用な折れ線グラフ
- 地図を用いたグラフである主題図

これらのExcelによる作成方法についても説明をしました。これらのグラフを用いることにより、データの特徴を視覚的に明らかにすることができます。

CHAPTER

3

一つの変数による記述統計

中心と散らばりの統計量

データの特徴を示すために、常にグラフを利用できるわけではありません。変数の数が多いデータを分析する場合、一つずつ変数のグラフを作成するのは、あまり効率的ではありません。データの特徴を表す数値である「統計量（statistics）」を見ることでも、簡便にデータの特徴を理解することができます。本章では、データの中心を示す統計量とデータのばらつきを知るための統計量を説明します。

3.1 データの中心の値

データの特徴を知るために計算される値のことを統計量と呼びます。データの特徴を知る際にポイントがあります。中心の値の大きさ、中心の値からのばらつきの大きさです。本章では中心の大きさとばらつきの大きさについて説明します。

統計量（statistics）

データに基づき計算される値

1 平均

データの中心の位置を知るための尺度として最も使用されるのが平均値です。平均値は観測値（$x_1, x_2, \cdots, x_n$）を合計し、観測値の数（n）で割ります。

平均値（average、mean）

観測値数 n のデータ（$x_1, x_2, \cdots, x_n$）の中心の位置を示す。

$$\bar{x} = \frac{1}{n}(x_1 + x_2 + \cdots + x_n) = \frac{1}{n}\sum_{i=1}^{n} x_i \tag{3.1}$$

ここで、(3.1) 式で合計を示す足し算記号が出てきました。変数の値を合計するときに用いる記号として Σ（シグマ）記号を使います。

合計（sum）

$$\sum_{i=1}^{n} x_i = x_1 + x_2 + \cdots + x_n$$

関連して、x_i が同一の値として z という定数を合計する場合、次のようになります。

$$\sum_{i=1}^{n} z = z + z + \cdots + z = nz$$

例 3.1：平均出席回数

ある大学の講義は履修者が3人でした。3人の出席回数は**表3.1**のようでした。

表3.1　ある講義の出席回数

No.	出席回数
1	$x_1 = 7$
2	$x_2 = 9$
3	$x_3 = 11$

これより平均出席回数は次のように計算することができます。

$$\bar{x} = \frac{1}{n}\sum_{i=1}^{3} x_i = \frac{1}{n}(x_1 + x_2 + x_3) = \frac{1}{3}(7 + 9 + 11) = \frac{1}{3} \times 27 = 9$$

練習問題 3.1

次の変数の平均を求めなさい。途中の計算を省略しないこと。小数点以下、第3位を四捨五入すること。

No.	x_{1i}	x_{2i}	x_{3i}	x_{4i}
1	9	7	16	6
2	7	1	4	4
3	19	25	0	6
4	7	2	4	7
5	8	5	6	2

2 Excelによる演習：合計と平均の計算

例3.2：平均一人当たりGDPの合計と平均

Excelのような表計算ソフトを使用すると、変数の合計や平均を容易に求めることができます。国別GDPデータに含まれる、一人当たりGDP(2010年アメリカドル実質)の中から抽出した20カ国のデータである**表3.2**から合計と平均を求めてみます。

表3.2　20カ国の一人当たりGDP

No.	国	一人当たりGDP(2016年、USD)
1	Turkey	14,117
2	Poland	15,066
3	Sweden	56,473
4	Kyrgyz Republic	1,039
5	Paraguay	3,926
6	Egypt, Arab Rep.	2,724
7	Finland	45,983
8	Nicaragua	1,946
9	Panama	10,982

(続く)

表3.2　20カ国の一人当たりGDP（続き）

No.	国	一人当たりGDP（2016年、USD）
10	Lesotho	1,352
11	Korea, Rep.	25,459
12	Ireland	69,974
13	Botswana	7,483
14	Uruguay	14,010
15	Vietnam	1,735
16	Canada	50,407
17	Spain	31,505
18	Bahamas, The	19,991
19	Mexico	9,708
20	Australia	55,479

出所：World Bank Open Data (https://data.worldbank.org/) より収集した、2016年の130国のGDPからの無作為抽出をした。

合計は、セルの内容を一つずつ加えることにより、求めることができます。**図3.1**のC22のセルでは、セルC2からC21までのデータの範囲を加えて合計を求めました。これを観測値の数20で割ることにより平均値を求めることができます。

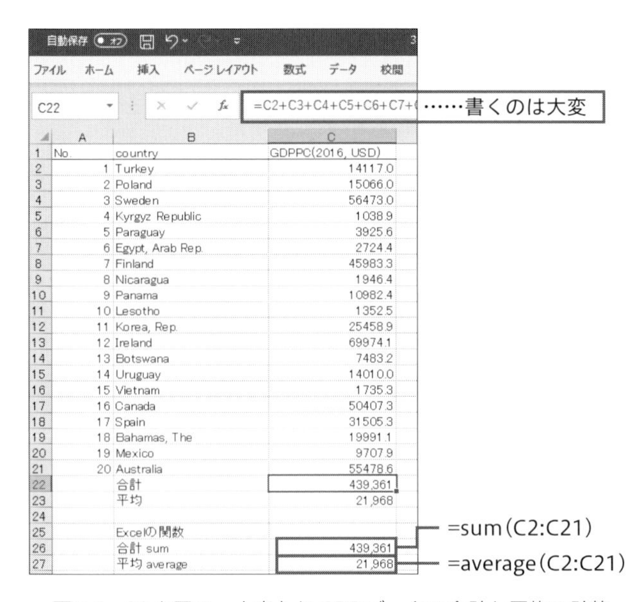

	A	B	C
1	No.	country	GDPPC(2016, USD)
2	1	Turkey	14117.0
3	2	Poland	15066.0
4	3	Sweden	56473.0
5	4	Kyrgyz Republic	1038.9
6	5	Paraguay	3925.6
7	6	Egypt, Arab Rep.	2724.4
8	7	Finland	45983.3
9	8	Nicaragua	1946.4
10	9	Panama	10982.4
11	10	Lesotho	1352.5
12	11	Korea, Rep.	25458.9
13	12	Ireland	69974.1
14	13	Botswana	7483.2
15	14	Uruguay	14010.0
16	15	Vietnam	1735.3
17	16	Canada	50407.3
18	17	Spain	31505.3
19	18	Bahamas, The	19991.1
20	19	Mexico	9707.9
21	20	Australia	55478.6
22		合計	439,361
23		平均	21,968
24			
25		Excelの関数	
26		合計 sum	439,361
27		平均 average	21,968

図3.1　20カ国の一人当たりGDPデータの合計と平均の計算

しかし、このように一つずつセルの内容を加えていくことは、観測値数が増えると大変です。この場合、Excelで用意されている関数を用いることができます。

Excelの関数

- 合計：sum(データの範囲)
- 平均：average(データの範囲)

たとえば図3.1のC26では、「=sum(C2:C21)」と入力することにより求めることができます。しかも、セルには「=sum(」までキーボードで入力し、続けて、データの入力されているセルの「C2:C21」をマウスで選択して、Enterキーを押せばよいです。

関数を用いれば、合計をせずとも平均値を求めることができます。セルC27では、「=average(」までを入力し、データの範囲をマウスで選択してEnterキーを押します。

練習問題3.2

身の回りのことに関して、データを集めて平均値を求めなさい。

3 加重平均

平均値(3.1)式を展開すると、次のように書けます。

$$\bar{x} = \frac{1}{n}(x_1 + x_2 + \cdots + x_n) = \frac{1}{n}x_1 + \frac{1}{n}x_2 + \cdots + \frac{1}{n}x_n$$

これは、各 x_i に共通の値 $\frac{1}{n}$ が乗じられています。この $\frac{1}{n}$ のことを**重み**(weight)と呼びます。平均の場合には重みが一定ですが、この重みの値を各 x_i ごとに変えたのが、**加重平均**です。i 番目の観測値の重みを w_i で表すと、加重平均は次のように示されます。

加重平均（weighted average）

$$\tilde{x} = w_1 x_1 + w_2 x_2 + \cdots + w_n x_n = \sum_{i=1}^{n} w_i x_i \tag{3.2}$$

ただし、この**重み** w_i は合計が1になるという制約（$\sum_{i=1}^{n} w_i = 1$）を満たす必要があります。

例3.3：GPAの計算

学生の成績の質を測るための指標として、GPA（Grade Point Average）が使われています。これも加重平均としてみることができます。S に4点、A に3点、B に2点、C に1点、D に0点という得点を当てはめる場合、GPAは次のように求めることができます。各学期の履修単位数を n で示します。

$$\begin{aligned}
GPA &= \frac{1}{n}[(4 \times S\text{の取得単位数}) + (3 \times A\text{の取得単位数}) \\
&\quad + (2 \times B\text{の取得単位数}) + (1 \times C\text{の取得単位数}) \\
&\quad + (0 \times D\text{の取得単位数})] \\
&= \frac{S\text{の取得単位数}}{n} \times 4 + \frac{A\text{の取得単位数}}{n} \times 3 + \frac{B\text{の取得単位数}}{n} \\
&\quad \times 2 + \frac{C\text{の取得単位数}}{n} \times 1 + \frac{D\text{の取得単位数}}{n} \times 0 \\
&= S\text{の割合} \times 4 + A\text{の割合} \times 3 + B\text{の割合} \times 2 + C\text{の割合} \times 1 \\
&\quad + D\text{の割合} \times 0
\end{aligned}$$

各成績の割合を w_i で示します。S の割合を w_S、A の割合を w_A、B の割合を w_B、C の割合を w_C、D の割合を w_D で表します。また、各成績の得点を sc_S から sc_D で示すと、次のように書けます。

$$\begin{aligned}
GPA &= w_S \times sc_S + w_A \times sc_A + w_B \times sc_B + w_C \times sc_C + w_D \times sc_D \\
&= \sum_{i \in (S,A,B,C,D)} w_i \times sc_i
\end{aligned}$$

ここで $\sum_{i \in (S,A,B,C,D)}$ は、S、A、B、C、D について合計することを示します。

これよりGPAは、成績を示す得点を、その得点を取った単位数の履修単位数に対する割合を重みとした場合の加重平均であることが分かります。

次の例を考えます。ある学生が履修した学期の成績が**表3.3**のようであったとします。この学生のGPAは次のようになります。

表3.3 ある学期の成績

成績	A	B	C	D	合計
単位数	3	4	2	1	10

$$
\begin{aligned}
GPA &= S\text{ の割合} \times 4 + A\text{ の割合} \times 3 + B\text{ の割合} \times 2 + C\text{ の割合} \\
&\quad \times 1 + D\text{ の割合} \times 0 \\
&= \frac{0}{10} \times 4 + \frac{3}{10} \times 3 + \frac{4}{10} \times 2 + \frac{2}{10} \times 1 + \frac{1}{10} \times 0 \\
&= 0.9 + 0.8 + 0.2 + 0 = 1.9
\end{aligned}
$$

度数分布表からの平均値

度数分布にまとめられた表から加重平均の方法を用いて、平均を計算することができます。この方法を考えるために、2章で取り上げた度数分布表を、**表3.4**のように記号を用いて示します。

表3.4 記号で表した度数分布表

階級 j	代表値	階級幅	(1) 度数	(2) 階級一単位当たり度数	(3) 相対度数	(4) 階級一単位当たり相対度数
1	$\bar{x}_1$	h_1	f_1	f_1/h_1	f_1/n	f_1/nh_1
2	$\bar{x}_2$	h_2	f_2	f_2/h_2	f_2/n	f_2/nh_2
⋮	⋮	⋮	⋮	⋮	⋮	⋮
J	$\bar{x}_J$	h_J	f_J	f_J/h_J	f_J/n	f_J/nh_J
合計			$\sum_{i=1}^{n} f_j = n$		$\sum_{i=1}^{n} \frac{f_j}{n} = 1$	

注：h は階級の幅、n は観測値の数

度数分布表からの平均の計算は、次のように行います。観測値の合計は、階級の数が J 個のとき、各階級の度数 f_j に、階級の代表値 $\bar{x}_j$ を乗じ、合計した値に等しいと仮定します。

$$\sum_{i=1}^{n} x_i \approx \sum_{j=1}^{J} f_j \bar{x}_j$$

この関係に基づくと、平均は次のように書けます。

$$\bar{x} = \frac{1}{n}\sum_{i=1}^{n} x_i \approx \frac{1}{n}\sum_{j=1}^{J} f_j \bar{x}_j = \sum_{j=1}^{J} \frac{f_j}{n} \bar{x}_j$$

これは、相対度数に各階級の代表値を乗じた値を合計すればよいことになります。まとめると次のようになります。

度数分布表からの平均値

$$\bar{x} = \sum_{j=1}^{J} \frac{f_j}{n} \bar{x}_j \qquad (3.3)$$

ここで f_j は第 j 階級の度数、$\bar{x}_j$ は第 j 階級の代表値です。

例3.4：期末試験の結果

2章の例2.1で度数分布表を作成しました。その表から平均点を求めます。**表3.5**は、2章の表から一部を抜粋したものです。各階級の代表値と相対度数を掛け合わせて、合計をした値が、度数分布表から求められた平均値は54.6点と分かります。個別の学生のデータから求められた値が55.4点だったので、よく近似しています。

表3.5　ある科目の試験の結果

階級	代表値	度数	相対度数	相対度数×代表値
[0,20)	10	1	0.029	0.3
[20,40)	30	7	0.200	6.0
[40,60)	50	15	0.429	21.4
[60, 80)	70	7	0.200	14.0
[80,100)	90	5	0.143	12.9
合計		35	1	54.6

4 Excelによる実習：度数分布表からの平均値

例3.5：平均給与所得

表3.6は、2015年の『民間給与実態統計調査結果』の給料・手当の度数分布表です。この表より給料・手当の平均を求めます。この場合、表が大きいので、Excelを使うのが便利です。

表3.6 給与に関する度数分布表

給与階級＼区分	給与所得者数	給料・手当平均	賞与平均
100万円以下	4,115,557	803	12
200 〃	7,192,346	1,409	42
300 〃	7,802,001	2,327	189
400 〃	8,379,045	3,053	449
500 〃	6,776,871	3,769	708
600 〃	4,629,234	4,518	958
700 〃	2,837,103	5,184	1,284
800 〃	1,946,401	5,926	1,537
900 〃	1,314,371	6,657	1,809
1,000 〃	853,835	7,426	2,050
1,500 〃	1,539,180	9,273	2,479
2,000 〃	335,306	14,569	2,642
2,500 〃	101,015	19,885	2,601
2,500万円超	117,463	37,071	4,240

出所：国税庁『民間給与実態統計調査結果』平成27年度「第3表　給与階級別の総括表」より作成

ここでは、代表値が、各階級の平均値になります。これに、相対度数を掛けて、「相対度数×給料・手当平均」を求めます。Excelでは、**図3.2**のように行います。最後に合計して得られた3,556.2千円が平均になります。この場合、代表値に各階級の平均値が使われているので、度数分布表から求めた平均値は、個人のデータから求めた値と一致します（なぜでしょうか？）。

	A	B	C	D	E
1		給与所得	給料・手当	給与所得者数	相対度数
2		者　数	平均(千円)	相対度数	×給料・手当平均
3	100万円以下	4,115,557	803	0.086	68.9
4	200 〃	7,192,346	1,409	0.150	211.4
5	300 〃	7,802,001	2,327	0.163	378.7
6	400 〃	8,379,045	3,053	0.175	533.6
7	500 〃	6,776,871	3,769	0.141	532.8
8	600 〃	4,629,234	4,518	0.097	436.3
9	700 〃	2,837,103	5,184	0.059	306.8
10	800 〃	1,946,401	5,926	0.041	240.6
11	900 〃	1,314,371	6,657	0.027	182.5
12	1,000 〃	853,835	7,426	0.018	132.3
13	1,500 〃	1,539,180	9,273	0.032	297.7
14	2,000 〃	335,306	14,569	0.007	101.9
15	2,500 〃	101,015	19,885	0.002	41.9
16	2,500万円超	117,463	37,071	0.002	90.8
17	合計	47,939,728			3,556.2

①代表値×相対度数
=C3*D3

②セル右下をクリック
して下にドラッグ

③合計
=sum(E3:E16)

図3.2　度数分布表からの平均の計算

5 中央値

歪んだ分布では、平均値が分布の代表値を示しているとは限りません。その場合によく使われるのが、中央値です。昇順(小から大)に並べたデータで j 番目の値を $x_{(j)}$ とします。ただし、観測値の数 n が奇数の場合と偶数の場合とで、求めかたが異なることに注意してください。

まず、観測値の数が奇数の5の場合を考えます。

j	1	2	3	4	5
$x_{(j)}$	$x_{(1)}$	$x_{(2)}$	$x_{(3)}$	$x_{(4)}$	$x_{(5)}$

この場合、中央値は $x_{(3)}$ となります。

次に、観測値の数が偶数の4の場合を考えます。

j	1	2	3	4
$x_{(j)}$	$x_{(1)}$	$x_{(2)}$	$x_{(3)}$	$x_{(4)}$

この場合、中央値は、$x_{(2)}$ と $x_{(3)}$ の平均を取り、$(x_{(2)}+x_{(3)})/2$ とします。

中央値(median)

1. **観測値の数が奇数の場合**

$$Med = x_{(\frac{n+1}{2})} \tag{3.4}$$

2. **観測値の数が偶数の場合**

$$Med = \frac{x_{(\frac{n}{2})} + x_{(\frac{n}{2}+1)}}{2} \tag{3.5}$$

例3.6：中央値の計算

表3.7より中央値を求めてみます。

表3.7 中央値の計算

No	x_1	x_2
1	2	1
2	3	2
3	4	3
4	5	4
5		5

x_1の観測値数は4なので、(3.5)式を用いて、2番目と3番目より、次のようになります。

$$Med = \frac{3+4}{2} = 3.5$$

x_2の観測値数は5なので、(3.4)式より、3番目の3が中央値となります。

$$Med = 3$$

6 最頻値

度数分布表において、最も多くの度数を含む階級を代表する値を最頻値と言います。

最頻値（mode）

度数分布表において、最も多くの度数を含む階級を代表する値を示している。

ただし、最も多くの度数を含む階級が複数ある場合には、最頻値を求めることはできません。

例3.7：最頻値

表3.8より最頻値を求めます。x_1 は、10が二つあるので、最頻値は10です。x_2 は、15が二つ、16が二つ出てくるので、最頻値は存在しないと判断します。

表3.8　最頻値の計算

No	x_1	x_2
1	7	12
2	10	15
3	10	15
4	18	16
5	20	16

練習問題3.3

下記の表のデータの平均値、中央値、最頻値を求めなさい。小数点以下、第3位を四捨五入すること。

No	x_1	x_2	x_3	x_4
1	1	12	7	3
2	2	15	10	1
3	3	15	12	2
4	4	16	18	3
5	5	16	50	

7 Excelによる演習:中央値・最頻値の計算

例3.8：一人当たりGDPの記述統計量

国別GDPデータから、2016年の一人当たりGDP(2010年アメリカドル実質)のヒストグラムを見てみます。**図3.3**より、右側に長い裾を持つ、歪んだ分布であることが分かります。

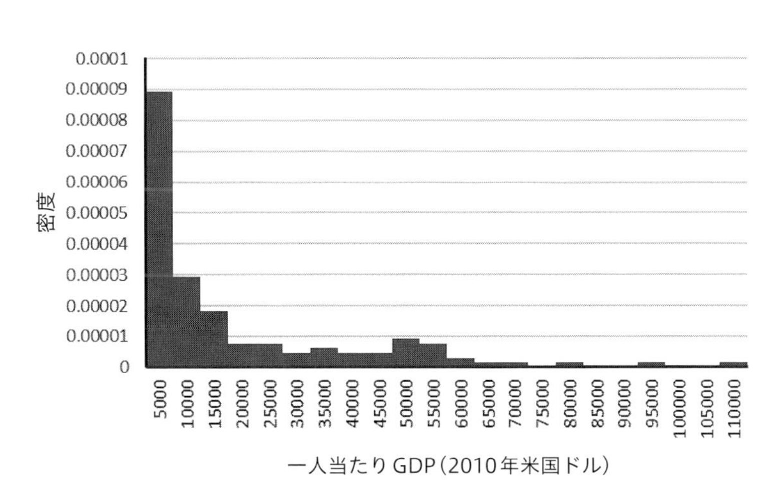

図3.3 2016年一人当たりGDP(2010年アメリカドル実質)

平均、中央値、最頻値を求めてみます。Excelでは次の関数を用います。

Excelの関数

- 中央値：median(データの範囲)
- 最頻値：mode(データの範囲)

図3.4のようにExcelの関数から中心の値を求めます。これから平均は$16,114、中央値は$6,155でした。最頻値は、厳密には、一人当たりGDPが同じ値となる国は存在しないので、NA (Not Available) と表示されています。この場合は、度数分布表を作成し、最も多い度数を与える階級の代表値を最頻値とすることができます。この場合、[0,$5000)の階級に、最も多い、58カ国が属していたので、この階級の

代表値$2500を最頻値とします。このような右裾の長い分布の場合、「最頻値＜中央値＜平均値」の順序になります[*1]。ここでのような強い歪みのある分布では、平均値だけを中心の値として利用するのには限界があることが分かります。

	A	B	C	D
1	country	year	GDPPC	
2	Afghanistan	2016	617.89	
3	Albania	2016	4684.967	
4	Algeria	2016	4827.724	
129	Vietnam	2016	1735.291	
130	West Bank and Gaza	2016	2576.878	
131	Zimbabwe	2016	917.5637	
132				
133	平均		16,114	
134	中央値		6,155	
135	最頻値		#N/A	

=average(C2:C131)
=median(C2:C131)
=mode(C2:C131)

図3.4　Excelによる平均・中央値・最頻値の計算

練習問題3.4

都道府県データ、または、国別GDPのデータより、いずれか3変数を選び、平均、中央値、最頻値を求めなさい。

3.2 データのばらつきの値

1 分散と標準偏差

二つのグループで平均が同じであったとします。しかし、平均からのばらつきに関しては、一方のグループについては、平均の周りに集中しており、別のグループについては平均からは離れてばらついている場合がります。このような二つのグループの違いを示すのに使われるのがばらつきの値です。

***1**　逆に、左裾の長い分布では、平均、中央値、最頻値の順になります。この場合、Mean＞Median＞Modeのように辞書の順の大きさになります（東京大学教養学部統計学教室、1991）。

例3.9：二つの試験

同じ試験を二つのクラスについて行いました。その結果、Aクラスでは平均61点、Bクラスでは62点とほぼ同じでした。この二つのクラスの得点分布は、**図3.5**のヒストグラムに示されます。このヒストグラムから分かるように、平均への集中度が異なります。これらの二つのクラスの結果の違いを数値で表すにはどうすればよいでしょうか？

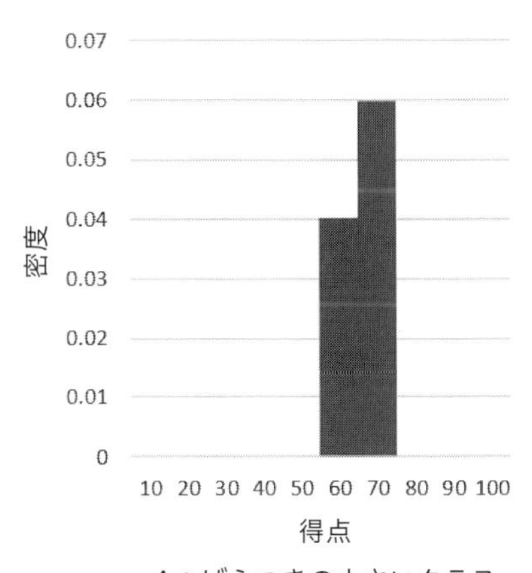

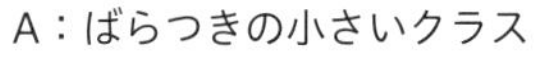

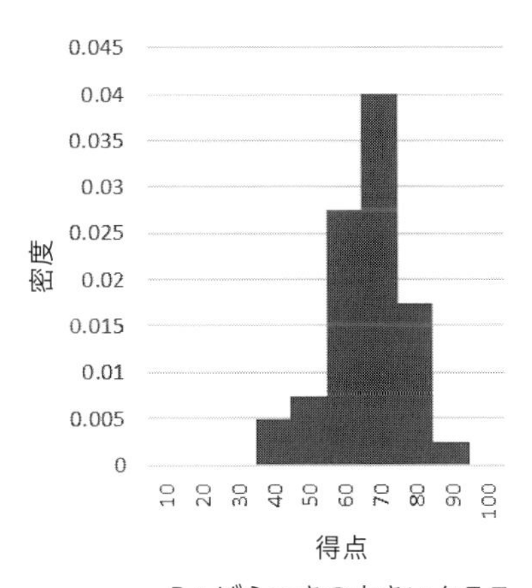

B：ばらつきの大きいクラス

図3.5　二つのクラスの試験の結果の違い

このような場合の二つのグループの違いを要約する尺度が分散と標準偏差です。データのばらつきを中心の値からのかい離で示します。このようなかい離の指標としてはいくつかの候補を考えることができます。

候補1：偏差

一つ目の候補が**偏差**(deviation)です。次のような各観測値($x_1, \cdots, x_n$)と平均$\bar{x}$との差である、偏差を求めます。

$$x_1 - \bar{x}, x_2 - \bar{x}, \cdots, x_n - \bar{x}$$

この平均値を利用することも考えることができます。しかし、計算してみると

$$\frac{1}{n}[(x_1-\bar{x})+(x_2-\bar{x})+\cdots+(x_n-\bar{x})]=\frac{1}{n}\sum_{i-1}^{n}(x_i-\bar{x})$$

$$=\frac{1}{n}\sum_{i=1}^{n}x_i-\frac{1}{n}\sum_{i=1}^{n}\bar{x}=\frac{1}{n}\sum_{i=1}^{n}x_i-\frac{1}{n}\times n\bar{x}=\frac{1}{n}\sum_{i=1}^{n}x_i-\bar{x}=0$$

この場合には偏差の和は必ずゼロとなるので、各観測値の平均からのかい離を測る統計量としては不適格です。しかし、この結果は平均の持つ性質として重要です。

偏差の和はゼロ

$$(x_1-\bar{x})+(x_2-\bar{x})+\cdots+(x_n-\bar{x})=\sum_{i=1}^{n}(x_i-\bar{x})=0$$

候補2：偏差の2乗

候補の2番目はこの偏差を2乗することにより、合計がゼロになることを防ぎます。

$$(x_1-\bar{x})^2,(x_2-\bar{x})^2,\cdots,(x_n-\bar{x})^2$$

この平均値を求めます。

$$\frac{1}{n}[(x_1-\bar{x})^2+(x_2-\bar{x})^2+\cdots+(x_n-\bar{x})^2]=\frac{1}{n}\sum_{i=1}^{n}(x_i-\bar{x})^2$$

この尺度を分散と呼び、s_x^2 と記します。しかし後述するように、この場合、実質的には $n-1$ 個の観測値しか存在しないので、$n-1$ で割ります。

分散（variance）

$$s_x^2=\frac{1}{n-1}\sum_{i=1}^{n}(x_i-\bar{x})^2 \tag{3.6}$$

ただし、分散の単位は元の単位の2乗なので、値の大きさの意味が分かりにくいという欠点があります。たとえば、元のデータが金額で、円で測られていれば、分散の単位は「円の2乗」となります。値も大きくなり、分かりにくいので、元の単位に戻すために平方根$\sqrt{\ }$を取ります。この分散の平方根を**標準偏差**s_xと呼びます。

標準偏差（standard deviation）

データのばらつきを示す。

$$s_x = \sqrt{s_x^2} \tag{3.7}$$

例3.10：出席回数の分散

分散の計算も表を用いて計算すると便利です。**表3.9**では、出席回数の分散を求めます。

表3.9　出席回数の分散計算

番号 i	出席回数 x_i	$x_i - \bar{x}$	$(x_i - \bar{x})^2$
1	7	7-9=-2	$(-2)^2=4$
2	9	9-9=0	$(0)^2=0$
3	11	11-9=2	$2^2=4$
合計	$\sum_{i=1}^{3} x_i$ 27	$\sum_{i=1}^{3}(x_i - \bar{x})$ 0	$\sum_{i=1}^{3}(x_i - \bar{x})^2$ 8

これより、分散は次のようになります。

$$s_x^2 = \frac{1}{3-1}\sum_{i=1}^{3}(x_i - \bar{x})^2 = \frac{1}{2} \cdot 8 = 4$$

ただし、分散の単位は元の単位の2乗であるので、「4回^2」となってしまいます。これでは解釈しづらいので、元の単位に戻すために、$\sqrt{\ }$を取って、出席回数の標準偏差を求めます。

$$s_x = \sqrt{4} = 2$$

出席回数の標準偏差は2回と分かります。

2 分散を求める際に$n-1$で割る理由

分散を計算する際には、計算する前に、平均値が分かっている必要があります。さらに平均値を計算する前には、合計が分かっている必要があります。この場合、分散を計算するためには、$n-1$のデータの値が分かっていればよいです。この$n-1$を分散の**自由度**(degree of freedom)と呼びます。

今、3人の出席回数のデータがあったとします。{7, 9, 11}の合計は27なので、仮に、3番目の人の出席回数が不明であっても、他の2人の出席回数と合計の27を用いて、3番目の人の値は、$27-(7+9)=11$と分かります。この場合、分散の計算に必要なデータについては、2人のデータがあればよいことになります。

練習問題3.5

表3.10は表3.9に対応する学生の試験の得点のデータです。このデータから、試験得点の分散と標準偏差を求めなさい。

表3.10　試験得点の分散計算

i	y_i	$y_i-\bar{y}$	$(y_i-\bar{y})^2$
1	60		
2	70		
3	80		
合計			

練習問題3.6

練習問題3.1のデータの分散と標準偏差を求めなさい。電卓を用いて、小数点以下3桁を四捨五入しなさい。

3 Excelによる演習：分散と標準偏差の計算

例3.11：国別GDPデータの分散・標準偏差

国別GDPデータの2016年の一人当たりGDP(2010年アメリカドル実質)の中から抽出した20カ国の分散、標準偏差を求めてみます(**図3.6**)。

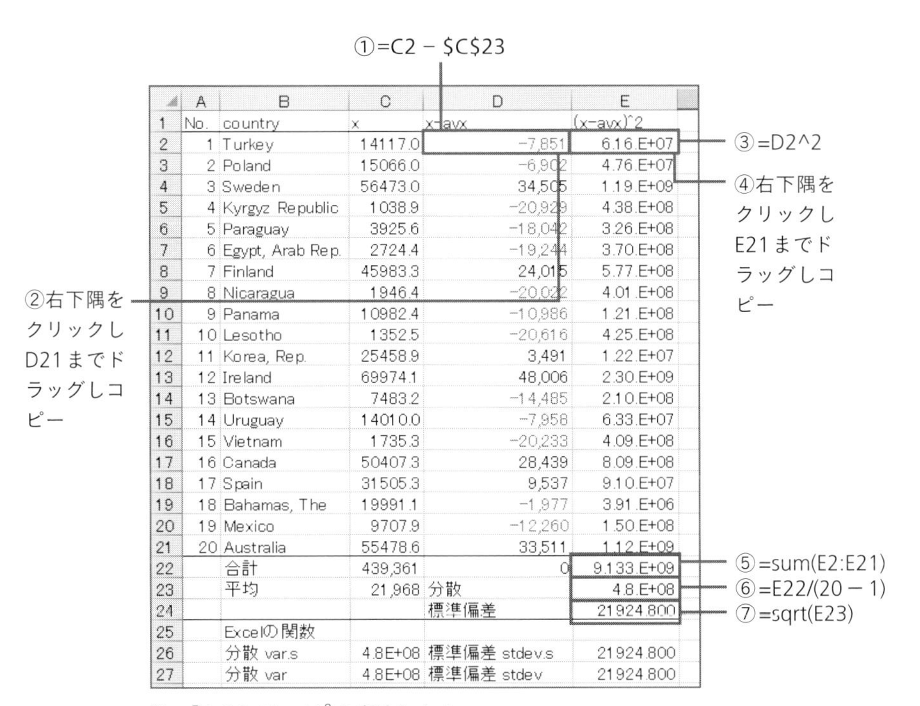

	A	B	C	D	E
1	No.	country	x	x-avx	(x-avx)^2
2	1	Turkey	14117.0	-7,851	6.16.E+07
3	2	Poland	15066.0	-6,902	4.76.E+07
4	3	Sweden	56473.0	34,505	1.19.E+09
5	4	Kyrgyz Republic	1038.9	-20,929	4.38.E+08
6	5	Paraguay	3925.6	-18,042	3.26.E+08
7	6	Egypt, Arab Rep.	2724.4	-19,244	3.70.E+08
8	7	Finland	45983.3	24,015	5.77.E+08
9	8	Nicaragua	1946.4	-20,022	4.01.E+08
10	9	Panama	10982.4	-10,986	1.21.E+08
11	10	Lesotho	1352.5	-20,616	4.25.E+08
12	11	Korea, Rep.	25458.9	3,491	1.22.E+07
13	12	Ireland	69974.1	48,006	2.30.E+09
14	13	Botswana	7483.2	-14,485	2.10.E+08
15	14	Uruguay	14010.0	-7,958	6.33.E+07
16	15	Vietnam	1735.3	-20,233	4.09.E+08
17	16	Canada	50407.3	28,439	8.09.E+08
18	17	Spain	31505.3	9,537	9.10.E+07
19	18	Bahamas, The	19991.1	-1,977	3.91.E+06
20	19	Mexico	9707.9	-12,260	1.50.E+08
21	20	Australia	55478.6	33,511	1.12.E+09
22		合計	439,361	0	9.133.E+09
23		平均	21,968	分散	4.8.E+08
24				標準偏差	21924.800
25		Excelの関数			
26		分散 var.s	4.8E+08	標準偏差 stdev.s	21924.800
27		分散 var	4.8E+08	標準偏差 stdev	21924.800

注：「E+08」は、10^8を意味します。

図3.6　Excelによる分散・標準偏差の計算

1. 平均との偏差を求めます。
2. 平均との偏差を2乗し、合計し、偏差平方和を求めます。
3. $n-1$で割り算し、分散を求めます。さらに平方根を取り、標準偏差を求めます。

同じ計算を、次のようなExcelの関数を用いても可能です。

Excelの関数

- 分散：var.s(データ範囲)あるいはvar(データ範囲)
- 標準偏差：stdev.s(データ範囲)またはstdev(データ範囲)

3.3 標準偏差の活用

1 シグマ範囲

左右対称に近い分布の場合、平均と標準偏差から3シグマ範囲を求めることで、観測値の含まれる範囲が分かります。**図3.7**は、左右対称になるデータの分布を近似しているグラフです。このような左右対称になる分布を持つデータの場合、平均に標準偏差を引いた値と、足した値$(\bar{x}-s, \bar{x}+s)$で囲まれる範囲に、約68%の観測値が含まれることが知られます。そして平均に2倍の標準偏差を引いた値と、足した値の$(\bar{x}-2s, \bar{x}+2s)$の範囲には、約95%の観測値が含まれ、さらに平均に3倍の標準偏差を引いた値と、足した値の$(\bar{x}-3s, \bar{x}+3s)$の範囲には、約99%の観測値が含まれることが知られています。3シグマは、正規分布とよばれる確率分布に基づく経験則なのですが、広く使われています。

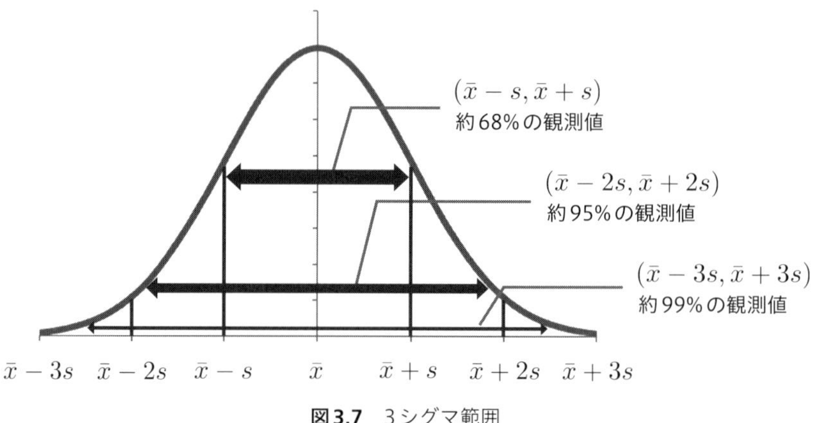

図3.7　3シグマ範囲

練習問題3.7

あるクラスの参加者の体重を調査したところ、平均は61kg、標準偏差は4kgでした。3シグマ範囲を求め、体重の最大値と最小値の目安を求めなさい。

2 変動係数

平均$\bar{x}$が高いほど、標準偏差s_xは大きくなる傾向があります。この場合、平均当たりの標準偏差である変動係数を用いて、散らばりの大きさを見ることができます。

変動係数(coefficient of variation)

$$CV = \frac{s_x}{\bar{x}} \tag{3.8}$$

また、標準偏差と平均とが同じ単位で求められている場合には、変動係数は単位とは無関係な数値(無名数)となります。

3 Excelによる演習:変動係数の計算

例3.12:株価の比較

図3.8は、A社とB社の2016年2月26日から2016年5月25日までの株価の推移を示しています。この図より、A社の株価はB社よりも高く推移していることが分かります。**表3.11**より、平均株価は、A社は1090円であり、B社が283円です。株価のばらつきの標準偏差は、A社は33円、B社は16円です。しかし、このような標準偏差の高さが、A社の株価のリスクを示しているとは必ずしも言えません。平均の高いデータでは、標準偏差も高くなる傾向があるからです。平均当たりの標準偏差の大きさである変動係数を見ると、B社が5.8%であるのに対し、A社は3.1%となっています。

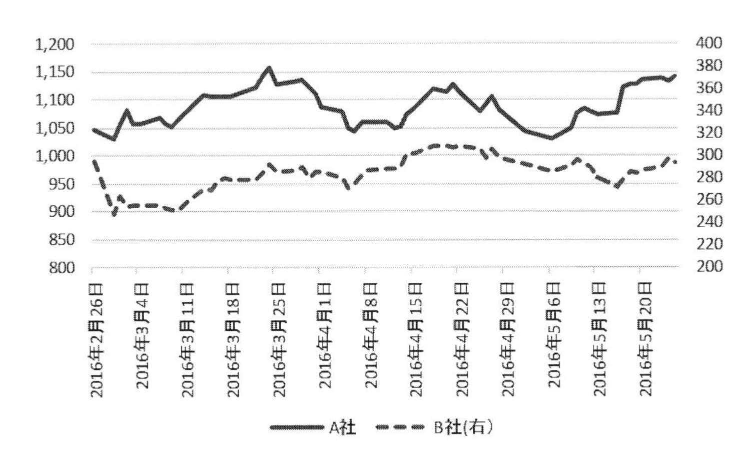

図3.8 A社とB社の株価の推移(2016年2月26日から2016年5月25日)

表3.11　A社とB社の株価の推移

A社	統計量	B社
1090	平均（円）	283
33	標準偏差（円）	16
3.1%	変動係数	5.8%

変動係数は、Excelに関数が用意されていないので、**図3.9**のように、平均と標準偏差を求めた後で、標準偏差を平均で割ることにより計算します。

図3.9　変動係数の計算

4 標準化と偏差値

標準化

平均 $\bar{x}$ と標準偏差 s_x のある変数 x_i（$i = 1, 2, \cdots, n$）を、平均0、分散1の変数 z_i に変換することを標準化と呼びます。

標準化変換（standardization）

$$z_i = \frac{x_i - \bar{x}}{s_x} \tag{3.9}$$

例3.13：標準化

表3.12にある、変数 x_i の標準化を考えます。まず、x_i の平均と標準偏差を求めます。表3.12では、これらを求めるのに必要な合計値を求めています。

これより平均と分散は次のようになります。

$$\bar{x} = \frac{1}{n}\sum_{i=1}^{3} x_i = \frac{1}{3} \times 12 = 4$$

$$s_x^2 = \frac{1}{n-1}\sum_{i=1}^{3}(x_i - \bar{x})^2 = \frac{1}{3-1} \times 8 = \frac{1}{2} \times 8 = 4$$

$$s_x = \sqrt{s_x^2} = \sqrt{4} = 2$$

次に、これらより標準化させた値 z_i を求めます。

$$\bar{z} = \frac{1}{n}\sum_{i=1}^{n} z_i = \frac{1}{3} \times 0 = 0$$

z_i の平均が0となることに注意すると、z_i の分散は次のようになります。

$$s_z^2 = \frac{1}{n-1}\sum_{i=1}^{3}(z_i - \bar{z})^2 = \frac{1}{n-1}\sum_{i=1}^{3} z_i^2 = \frac{1}{3-1} \times 2 = \frac{1}{2} \times 2 = 1$$

$$s_z = \sqrt{s_z^2} = 1$$

このようにして、標準化変換後の変数の平均は0、分散は1となることが分かります。

表3.12　標準化変換

i	x_i	$x_i - \bar{x}$	$(x_i - \bar{x})^2$	$z_i = \frac{x_i - \bar{x}}{s_x}$	z_i^2
1	2	-2	4	-1.00	1
2	6	2	4	1.00	1
3	4	0	0	0	0
合計	Σx_i	$\Sigma(x_i - \bar{x})$	$\Sigma(x_i - x)^2$	Σz_i	Σz_i^2
	12	0	8	0	2

偏差値

この z_i を用いると。指定したい平均や標準偏差となる変数を新たに作り出すことができます。平均が a 、標準偏差が b の変数 y_i に変換したい場合には、標準化とは逆に、z_i に標準偏差を掛けて平均を足します。

平均a、標準偏差が b の変数 t_i への変換

$$t_i = bz_i + a \tag{3.10}$$

平均が50、標準偏差が10になるような変数は次のようにして変換します。

$$t_i = 10z_i + 50$$

この t_i は偏差値得点と呼ばれます。

例3.14：偏差値

先の例での標準化変数 z_i を平均50、標準偏差10の偏差値得点 t_i に変換します。変換後の値が**表3.13**の t_i となります。平均が50、標準偏差が10となっていることを下記のように確認できます。

$$\bar{t} = \frac{1}{n}\sum_{i=1}^{3} t_i = \frac{1}{3} \times 150 = 50$$

$$s_t^2 = \frac{1}{n-1}\sum_{i=1}^{3}(t_i - \bar{t})^2 = \frac{1}{3-1} \times 200 = \frac{1}{2} \times 200 = 100$$

$$s_t = \sqrt{100} = 10$$

表3.13　偏差値の計算

i	t_i	$t_i - \bar{t}$	$(t_i - \bar{t})^2$
1	40	-10	100
2	60	10	100
3	50	0	0
合計	Σt_i 150	$\Sigma(t_i - \bar{t})$ 0	$\Sigma(t_i - \bar{t})^2$ 200

練習問題3.8

表3.14を用いて、x_iを標準化させたz_iを求め、平均50、標準偏差10となる偏差値を求めなさい。電卓を用いてよいです。小数点以下2桁を四捨五入しなさい。

表3.14 標準化と偏差値の計算

i	x_i	$x_i - \bar{x}$	$(x_i - \bar{x})^2$	z_i	t_i
1	33				
2	20				
3	76				
4	81				
5	79				
6	54				
7	39				
8	50				
9	80				
10	88				
合計					

5 Excelによる演習：標準化と偏差値の計算

Excelを用いて、データを標準化し、偏差値得点を求めてみます。

例3.15：試験成績の標準化と偏差値の計算

試験成績データを用いて、標準化をし、偏差値を求めてみます。

図3.10、B列にある期末試験得点を標準化します。

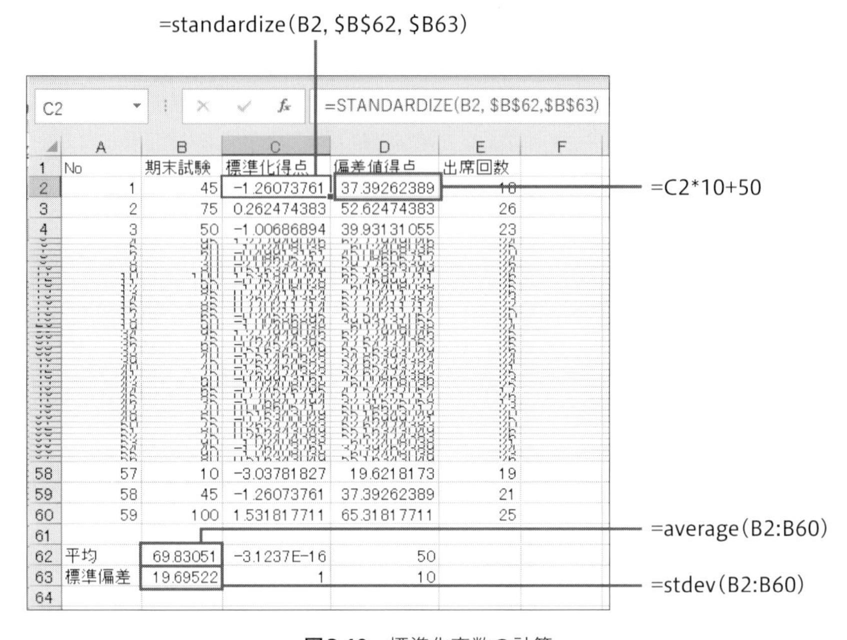

図3.10　標準化変数の計算

1. B列の右側に2列、新しい列を挿入します。一つ目に「標準化得点」、二つ目の列に「偏差値」と書きます。
2. B列の下に平均値(B62)と標準偏差(B63)を求めます。
3. C列のC2セルで、標準化得点を求めます。

Excelの関数：標準化

standardize(標準化する値, 標準化する値の平均値, 標準化する値の標準偏差)

- 「標準化する値」には、B列の値を指定します。
- 「標準化する値の平均値」には、B列の平均値(B62)を指定します。ただし後でコピーしたいので、絶対参照するために、B列と2行の前に$を入れます($B$62)。
- 「標準化する値の標準偏差」には、B列の標準偏差(B63)を指定します。ここでも絶対参照できるように$を入れます($B$63)。
- C2の右下隅にマウスのポインタを合わせ、C60までドラッグしてコピーします。

4. 標準化得点の平均と標準偏差を求め、平均が0、標準偏差が1となることを確認します。
5. 偏差値得点をD2で求めます。D2に、C2に10を乗じ、50を足して求めます。その後にD60までコピーします。
6. 偏差値得点の平均と標準偏差を求めます。

練習問題3.8

試験成績データを用いて、出席回数を標準化し偏差値を求めなさい。

3.4 四分位値と箱ひげ図

1 四分位値と四分位範囲

データを、観測値を小さな値から大きな値へと昇順に並べて、4等分する数値を、下から第1四分位値、第2四分位値、第3四分位値と呼びます。

四分位値と四分位範囲

データを小さな値から大きな値へと昇順に並べる。

- **第1四分位値(first quartile)**：下から25%に当たる数値
- **第2四分位値(中央値、second quartile、median)**：データを2等分する数値
- **第3四分位値(third quartile)**：上から25%に当たる数値

四分位範囲(interquartile range)＝第3四分位値－第1四分位値

例3.16：一人当たりGDPの四分位値

表3.15は、13カ国の一人当たりGDPを昇順に表したものです。

表3.15　一人当たりGDP

i	国名	一人当たりGDP(2016年、2010年米国ドル)
1	Kenya	1,143
2	India	1,861
3	Algeria	4,828
4	Macedonia, FYR	5,223
5	Thailand	5,902
6	Peru	6,089
7	Malaysia	11,032
8	Hungary	14,997
9	Portugal	22,444
10	Greece	22,699
11	France	42,016
12	Japan	47,661
13	Switzerland	76,691

出所：World Bank Open Data (https://data.worldbank.org/)

まず第2四分位値(中央値)を求めます。観測値の数が13なので、7番目のMalaysiaの$11,032が中央値となります。

次に中央値を中心にして、二つのグループに分けます。この際に中央値を含むか、含まないかで二通りの分けかたがあります。

(i) 中央値を含む場合では、**図3.11**のようにして求めます。第1四分位値は$5,223、第3四分位値は$22,699となります。

(ii) 中央値を含まない場合では、**図3.12**のようにして求めます。第1四分位値は3番目と4番目の値を2で割って求め$5,025.3となります。第3四分位値は、10番目と11番目の値を合計して2で割った値である$32,357.4となります。

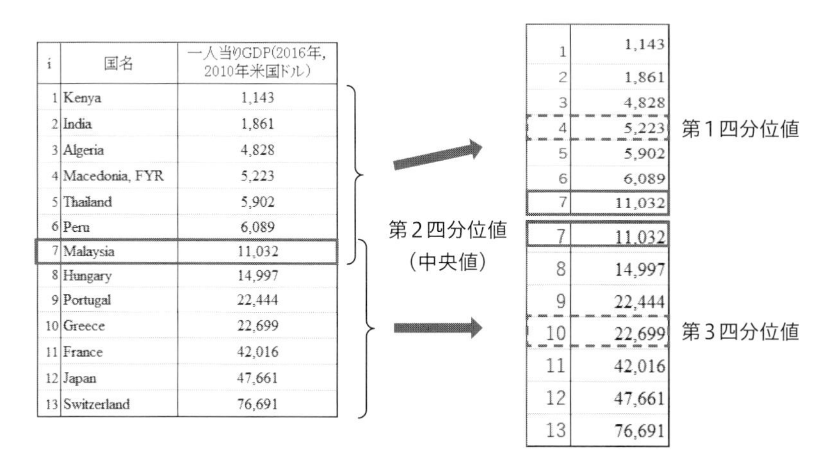

i	国名	一人当りGDP(2016年, 2010年米国ドル)
1	Kenya	1,143
2	India	1,861
3	Algeria	4,828
4	Macedonia, FYR	5,223
5	Thailand	5,902
6	Peru	6,089
7	Malaysia	11,032
8	Hungary	14,997
9	Portugal	22,444
10	Greece	22,699
11	France	42,016
12	Japan	47,661
13	Switzerland	76,691

図3.11　第２四分位値を含む場合の四分位値の求めかた

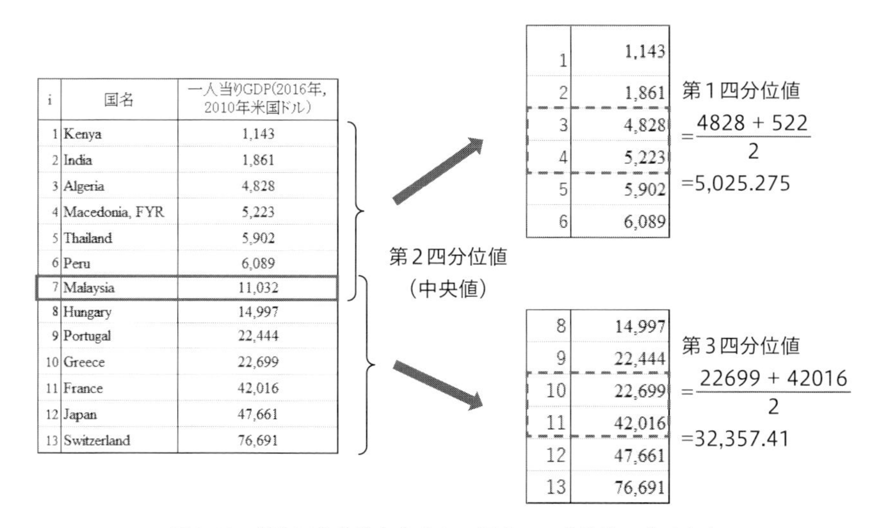

i	国名	一人当りGDP(2016年, 2010年米国ドル)
1	Kenya	1,143
2	India	1,861
3	Algeria	4,828
4	Macedonia, FYR	5,223
5	Thailand	5,902
6	Peru	6,089
7	Malaysia	11,032
8	Hungary	14,997
9	Portugal	22,444
10	Greece	22,699
11	France	42,016
12	Japan	47,661
13	Switzerland	76,691

図3.12　第２四分位値を含まない場合の四分位値の求めかた

ここでは簡単な紹介にとどめますが、四分位値の求めかたは他にもあり、ソフトウェアにより異なる値が出ることがあります[*2]。

***2**　Langford（2006）には、12通りの計算方法が紹介されています。

2 Excelでの演習：四分位値の計算

例3.17：一人当たりGDPの四分位値

一般に四分位値を求める際には、データをソートします。データを並べ替えることをソート（sort）と呼びます。Excelで四分位値を求める際には、必ずしも、ソートをする必要はないのですが、Excelでの**ソート**の方法についてもまとめておきます。**図3.13**のようなデータがある場合、次のような手順でソートをします。

1. ソートしたいデータの範囲を選択します。
2. 「データ」タブより、「並べ替え」を選択します。
3. 出てきたウィンドウで「選択範囲を拡張する」を選択すると、隣接している列（ここではA列）を含めて小さい値から大きい値へと降順に並べ替えます。

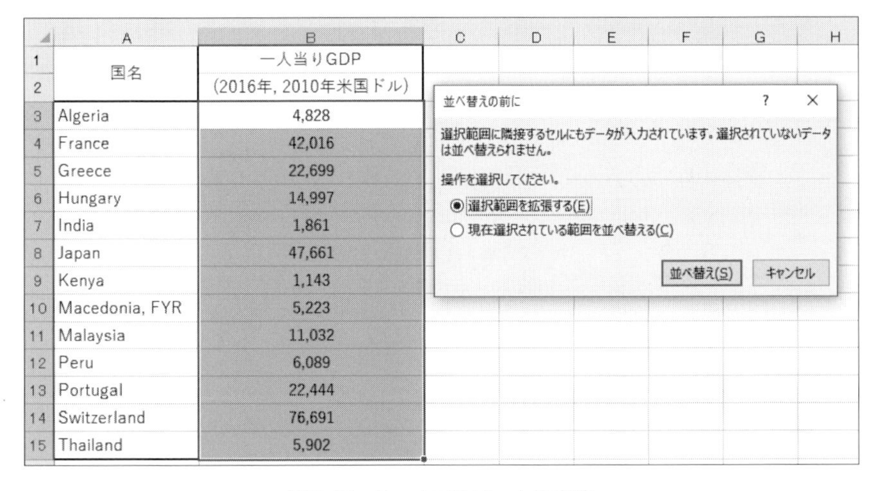

国名	一人当りGDP (2016年, 2010年米国ドル)
Algeria	4,828
France	42,016
Greece	22,699
Hungary	14,997
India	1,861
Japan	47,661
Kenya	1,143
Macedonia, FYR	5,223
Malaysia	11,032
Peru	6,089
Portugal	22,444
Switzerland	76,691
Thailand	5,902

図3.13　Excelでのソートの方法

四分位値を求めるための関数には、次のようなものがあります。ただし、求める前にデータをソートする必要はありません。

Excelの関数

- **中央値を含む場合での四分位値**
  quartile.inc(データの範囲, 戻り値)
- **中央値を含まない場合での四分位値**
  quartile.exc(データの範囲, 戻り値)

戻り値の値

0：最小値、1：第1四分位値、2：第2四分位値、3：第3四分位値、4：最大値
※ただし、quartile.excの戻り値は、1から3までです。

表3.16は、表3.15のデータから四分位値を求めた表です。quartileとquartile.inc関数は同じ四分位値を求めますが、quartile.excは中央値を除き第1・3四分位値が計算されるので、quartile.incとは異なり、第1四分位値は低めで、第3四分位値は高めの値です。

表3.16　Excelで計算した四分位値

統計量	Excelの関数			
	戻り値	quartile	quartile.inc	quartile.exc
最小値	0	1,143	1,143	#NUM!
第1四分位値	1	5,223	5,223	5,025
第2四分位値	2	11,032	11,032	11,032
第3四分位値	3	22,699	22,699	32,357
最大値	4	76,691	76,691	#NUM!
四分位範囲		17,476	17,476	27,332

注：quartile.excでは、最小値と最大値を計算できないので、数値エラー「#NUM!」が生じています。

3 箱ひげ図

箱ひげ図(box plot / box and whisker chart)は、四分位値を視覚的に分かりやすく表現した図です。**図3.14**は箱ひげ図の書きかたを説明した図です。中央の箱に、第1四分位値、第2四分位値、第3四分位値を示す箱を描きます。箱の長さが四分位範囲になります。ひげは上方向と下方向のものがあります。上方向については「第3四分位値＋1.5×四分位範囲」までとします。もし最大値がこの値より小さい場合には、最大値までの長さとします。下方向については、「第1四分位値－1.5×四分位範囲」までとします。最小値がこの値より大きい場合には、最小値までの長さとします。もし、これらのひげの上限と下限を超える値がある場合には、点で示します。

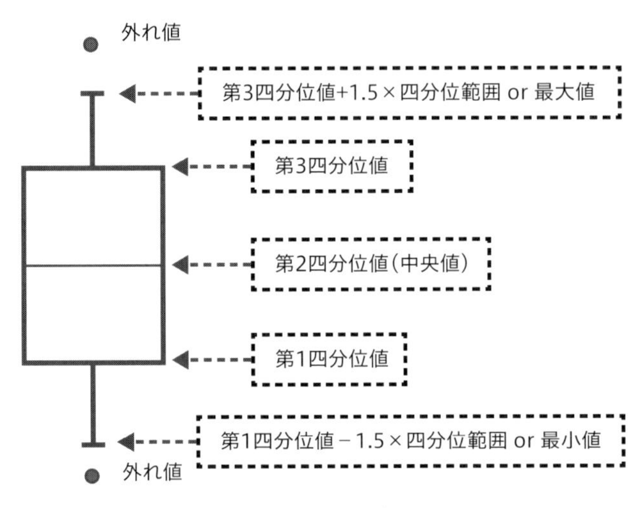

図3.14　箱ひげ図

4 Excelでの演習：箱ひげ図の作成

例3.18：一人当たりGDPの箱ひげ図の作成

Excel 2016以降の場合、箱ひげ図も作成できます。

1. データの範囲を選択します。
2. 「挿入」タブ→「統計グラフの挿入」→「箱ひげ図」と選択すると、箱ひげ図が作成されます。
3. 作成された箱ひげ図をマウスで選択し、右ボタンをクリックします。
4. 出てきたウィンドウで「データ系列の書式設定」を選択すると、**図3.15**のような「データ系列の書式設定」画面が出ます。
   - 四分位数計算の「包括的な中央値」はquartile.incに基づく結果
   - 「排他的な中央値」はquartile.excに基づく結果
   - 「特異ポイントを表示する」は外れ値を表示することに対応

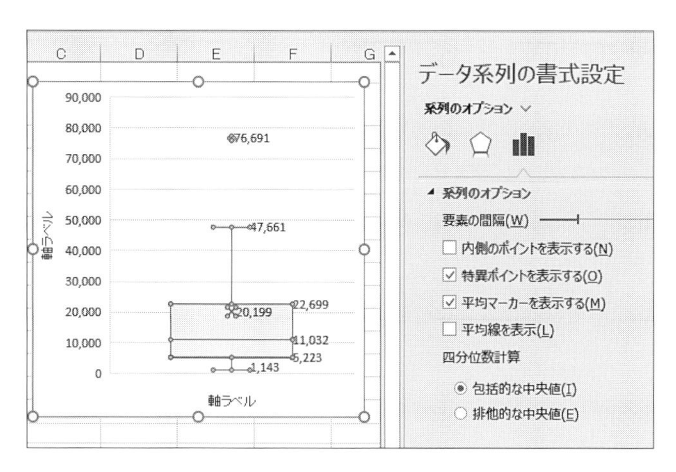

図3.15　箱ひげ図の作成

図3.16は、Excelにより作成された箱ひげ図です。(A)は「包括的な中央値」を選択し、quartile.incにより作図されており、(B)は「排他的な中央値」を選択し、quartile.excに基づき作図されています。

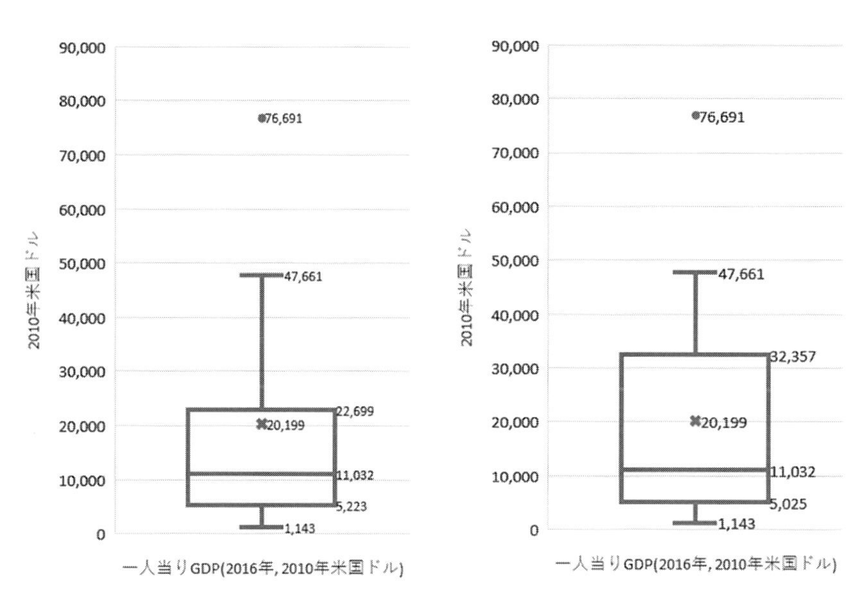

(A) 中央値を含む場合(包括的な中央値)　(B) 中央値を含まない場合(排他的な中央値)

図3.16　箱ひげ図

3.5 その他の記述統計量

1 歪度

歪度は、標準化させた値を3乗した値をもとに計算された統計量です。正規分布と呼ばれる左右対称の分布の場合だと0となります。分布の右側に長い尾を持つ右に歪んだ分布ならば、正の値を取ります。分布の左側に長い尾を持つ左に歪んだ分布ならば、負の値を取ります。Excelでは分析ツールを用いて計算することができます。

歪度(skewness)

$$\frac{1}{n}\sum_{i=1}^{n}\left(\frac{x_i-\bar{x}}{s_x}\right)^3$$

＞0：右に歪んでいる分布

＝0：左右対称(正規分布)

＜0：左に歪んでいる分布

2 尖度

尖度は、標準化させた値を4乗した値をもとに計算された統計量です。これは左右対称の正規分布の場合には3となります。これよりも先が尖っている分布の場合には、3よりも大きくなり、急尖的な分布と呼ばれます。先が緩やか場合には、緩尖的な分布と呼ばれます。Excelでは分析ツールを用いて計算することができます。この場合、正規分布の場合が0となるように変換されています。

尖度(kurtosis)

$$\frac{1}{n}\sum_{i=1}^{n}\left(\frac{x_i - \bar{x}}{s_x}\right)^4$$

＞3：急尖的(leptokurtic)

＝3：左右対称(正規分布)

＜3：緩尖的(platykurtic)

※左右対称が0となるように3を引く場合もある(Excel)。

3.6 Excelを用いて一括して計算する方法

これまで、中心の値を示す統計量、ばらつきの値を示す統計量の計算方法を、個別に説明してきました。これらの統計量は、Excelでデータ分析ツールやaggrerage関数を用いて求めることができます。最後に、これらの使用方法を説明します。

1 Excelによる演習：Excelデータ分析ツールの使用

Excelには、これまで個別に求めてきた記述統計量を一度に計算できる「データ分析ツール」と呼ばれる機能を利用することができます。ここではこのツールの使用方法を紹介します。

データには、国別GDPデータwb_data_country_2016.xlsxにある、一人当たりGDP(2016年、2010年US$表示)を用います。

例3.19：一人当たりGDPの記述統計量

1. 「データ」のタブより「データ分析」を選択します。もしこれが見つからない場合には、Web付録にあるように**データ分析ツール**の有効化をしてください。
2. 出てきたウィンドウから「基本統計量」を選択し、「OK」を選びます。
3. **図3.17**のように、入力範囲をクリックして文字が選択されたら、マウスでデータの範囲を選択します。
   - GDPPCのように、変数名も合わせて選択した場合には、「先頭行をラベルとして使用」にチェックを入れてください。

- 出力先を、データの入力されているシート内に指定するには、「出力先」に計算結果の表の左上に当たるセルを指定します。
- 「統計情報」にチェックを入れてください。

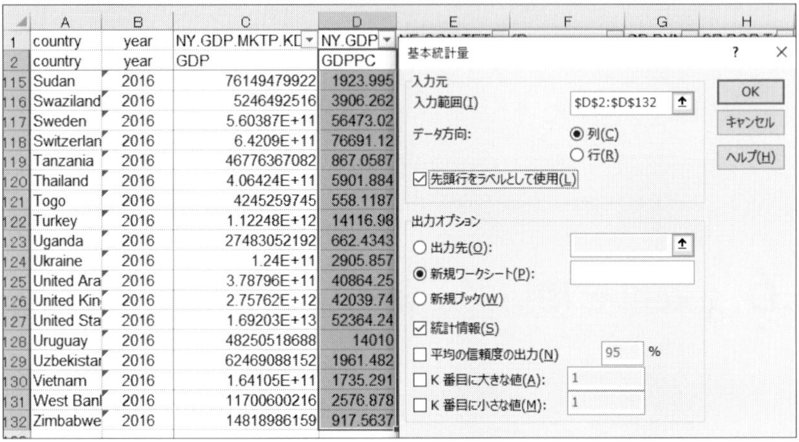

図3.17　分析ツールによる記述統計量の計算

表3.17が記述統計量の計算結果です。平均、中央値、最頻値、標準偏差、分散、尖度、歪度などを一度に求めることができ、便利です。また、最頻値は、データ内に同一の値となる観測値が存在しないので、計算できません(Not Available)。そのため#N/Aと表示されています。なお、標準誤差とありますが、標準偏差とは違いますので注意してください。標準誤差は5章の推定で説明します。

表3.17　分析ツールによる記述統計量の計算結果

GDPPC	
平均	16113.79
標準誤差	1836.725
中央値(メジアン)	6155.388
最頻値(モード)	#N/A
標準偏差	20941.88
分散	4.39E+08
尖度	3.386824
歪度	1.80886
範囲	108382.7

GDPPC	
最小	218.2835
最大	108600.9
合計	2094793
データの個数	130

練習問題3.9

国別GDPデータwb_data_country_2016.xlsxにある、他の変数をいくつか選んで、記述統計量を求めなさい。

2 Excelによる演習：aggregate関数

一つの関数で、これまで述べてきた記述統計量を計算できるのがaggregate関数です。Excel 2016以降で利用できるようになっています。

Excelの関数

aggregate(集計方法, オプション, データ)

主な集計方法は**表3.18**にまとめてあります。主な統計量は、このaggregate関数により求めることができます。さらにaggregate関数の優れた点は、計算対象とするデータについての扱いかたを指定できることです。よく使うオプションは、**表3.19**にまとめています。非表示は、Excelで表示とされているデータの扱いかたを意味します。エラー値は、Excelでエラーとして扱われているデータの処理方法について意味しています。

表3.18 aggregate関数での集計方法

統計量	集計方法	Excel関数
平均	1	average
計数	2	count
計数	3	counta
最大値	4	max

（続く）

表 3.18　aggregate関数での集計方法(続き)

統計量	集計方法	Excel関数
最小値	5	min
積	6	product
標本標準偏差	7	stdev.s
母集団標準偏差	8	stdev.p
合計	9	sum
標本分散	10	var.s
母集団分散	11	var.p
中央値	12	median

注：主なもののみを表示している。

表 3.19　aggregate関数での対象データについてのオプション

対象データの処理方法	オプション
全てを計算対象とする	4
非表示の行を無視	5
エラー値を無視	6
非表示とエラー値を無視	7

注：主なオプションのみを表示している。非表示は、Excelで表示とされているデータの扱いかたを意味する。エラー値は、Excelでエラーとして扱われているデータの処理方法について意味している。

例3.20：aggregate関数を用いた一人当たりGDPの記述統計量

先の例でも用いた、117カ国の一人当たりGDP(2016年、2010年US$表示)をデータとして用います。計算された結果は**表3.20**にまとめられています。

表 3.20　aggregate関数による計算

記述統計量	Excel関数	Aggregate関数	値
合計	sum(データ範囲)	aggregate(9, 4, データ範囲)	2,094,792.62
平均	average(データ範囲)	aggregate(1, 4, データ範囲)	16,113.79
中央値	median(データ範囲)	aggregate(12, 4, データ範囲)	6,155.39
分散	var.s(データ範囲)	aggregate(10, 4, データ範囲)	438,562,395.81
標準偏差	stdev.s(データ範囲)	aggregate(7, 4, データ範囲)	20,941.88

3.7 まとめ

本章では、一つの変数の特徴を示す統計量の説明をしてきました。

- データの中心の値：平均、中央値、最頻値
- データのばらつきの値：分散、標準偏差、変動係数
- Excelのデータ分析ツールを用いてこれらを一括して計算する方法

また、これらを応用した、標準化、四分位値や箱ひげ図について説明してきました。

データの特徴は、グラフのみならず、これらの記述統計量を使っても表せますので、積極的に利用してください。

CHAPTER

4

二つの変数による記述統計
相関係数と回帰分析

一つの変数の特徴をグラフや記述統計量で検討した後に、変数間の関係の分析に進みます。本章では、二つの変数の直線関係に着目して、この関係を数値で示す統計量と、直線関係を実際に直線や直線を示す式で示す回帰分析の方法を説明します。

4.1 散布図

1 散布図とは

散布図(scatter plot)とは、2変数の値の組み合わせを描いたグラフのことです。**表4.1**は、身長xと体重yのデータの仮想データです。このように二つの変数のデータがある場合には、二つの変数の関係を見たいときがあります。そのときに描かれるのが、散布図です。

表4.1　身長xと体重yのデータ

i	x_i	y_i
1	160	50
2	170	70
3	180	60

このデータの散布図は、**図4.1**のようになります。横軸には身長を取り、縦軸には体重を取り、対応する観測値を点として図示しています。

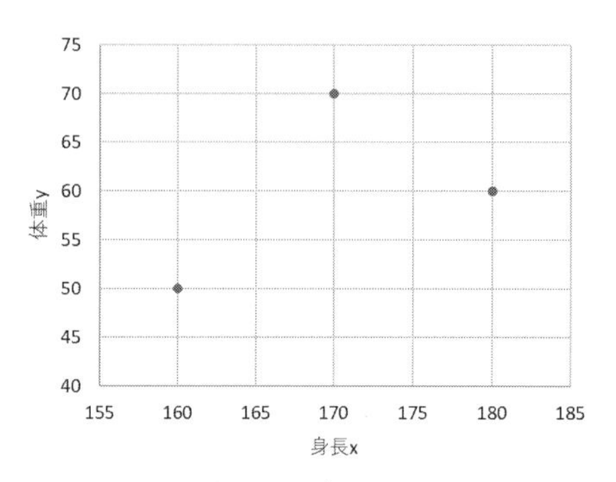

図4.1　表4.1のデータの散布図

2 Excelによる演習：散布図の作成

散布図の作成にはExcelが便利です。**図4.2**は『家計調査』で調査された2018年の毎月のスポーツと被服及び履物への支出額を示しています。

1. データの範囲を選択して、「挿入」タブ→「散布図の挿入」を選択します。
2. 新たに出てきたウィンドウから作成する散布図を選択します。

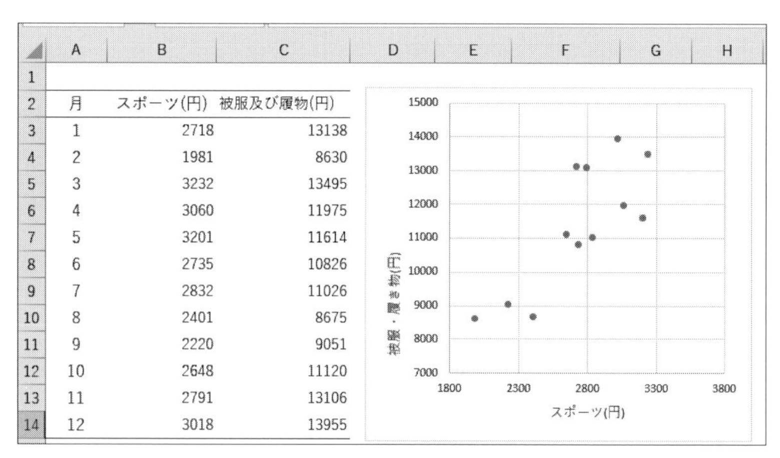

月	スポーツ(円)	被服及び履物(円)
1	2718	13138
2	1981	8630
3	3232	13495
4	3060	11975
5	3201	11614
6	2735	10826
7	2832	11026
8	2401	8675
9	2220	9051
10	2648	11120
11	2791	13106
12	3018	13955

出所：総務省『家計調査（家計収支編）』時系列データ（二人以上の世帯）
https://www.stat.go.jp/data/kakei/longtime/index.html

図4.2　スポーツと被服及び履物への支出額（2018年）

練習問題4.1

都道府県データ「都道府県データ2019.xlsx」か、国別GDPデータ「wb_data_country_2016.xlsx」を利用して、いくつかの2変数の組を作り、Excelで散布図を作成しなさい。

4.2 共分散

1 共分散とは

散布図で描かれたような2変数の直線関係の方向を示す統計量が共分散です。この共分散では、偏差積和という値が使われます。

偏差積和(sum of products of deviation)

$$\sum_{i=1}^{n}(x_i - \bar{x})(y_i - \bar{y}) \tag{4.1}$$

この偏差積の意味を考えてみます。**図4.3**は、ある2変数 x と y の散布図です。それぞれの平均である $\bar{x}$ から垂線を、$\bar{y}$ から水平線を引きます。すると、x と y の平面は4つの領域に分割することができます。まず右上の領域(Ⅰ)を第1象限と呼びます。次に、左上の領域(Ⅱ)を第2象限と呼びます。左下の領域(Ⅲ)を第3象限と呼びます。そして右下の領域(Ⅳ)を第4象限と呼びます。

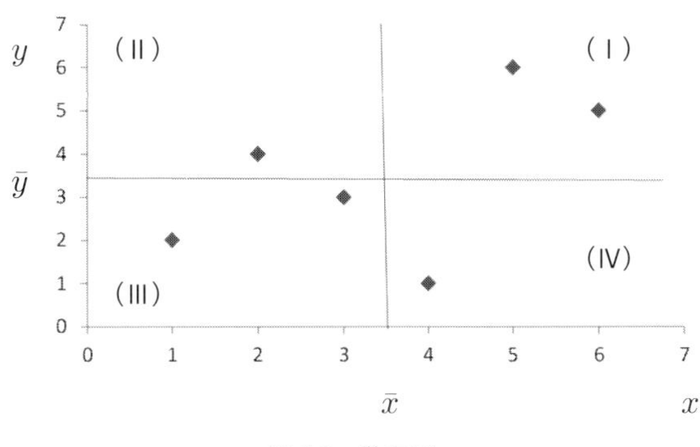

図4.3 散布図

次に、**表4.2**を用いて、それぞれの4つの領域における偏差と偏差積の符号を考えます。散布図が右上がりの傾向を示しているなら、第Ⅰ象限や第Ⅲ象限に属する観測値が増え、正の偏差積が増え、その合計である偏差積和は正の値を取ります。右下がりの傾向が見られるなら、第Ⅱ象限や第Ⅳ象限に属す観測値が増え、負の偏差積が増え、その合計である偏差積和は負の値を取ることになります。

表4.2　各領域における偏差積の符号

	$x_i - \bar{x}$	$y_i - \bar{y}$	$(x_i - \bar{x})(y_i - \bar{y})$
Ⅰ	+	+	+
Ⅱ	−	+	−
Ⅲ	−	−	+
Ⅳ	+	−	−

この偏差積和は合計値なので大きな値を取ります。そこで、使いやすいように観測値の数で割って平均します。この値が共分散です。これは、2変数の直線関係の方向を示します。プラスなら右上がりの直線関係を、マイナスなら右下がりの直線関係を示します。ここでは、3章で紹介した分散を、観測値の数 n ではなく、観測値の数から1を引いた $(n-1)$ で割り算したように、$(n-1)$ で割ります。

共分散（covariance）

$$s_{xy} = \frac{1}{n-1}\sum_{i=1}^{n}(x_i - \bar{x})(y_i - \bar{y}) \tag{4.2}$$

例4.1：共分散の計算

表4.1のデータから共分散を求めます。**表4.3**のように表を作成して偏差積和を求めます。これより、共分散は次のようになります。

$$s_{xy} = \frac{1}{3-1}\sum_{i=1}^{3}(x_i - \bar{x})(y_i - \bar{y}) = \frac{1}{2} \times 100 = 50$$

共分散は50であり、正の値（$s_{xy} > 0$）を示しているので、x_i と y_i の間には右上がりの直線関係があることが分かります。これは図4.1の散布図からも確認できます。

表4.3 共分散のための偏差積和の計算

i	x_i	$x_i - \bar{x}$	y_i	$y_i - \bar{y}$	$(x_i - \bar{x})(y_i - \bar{y})$
1	160	-10	50	-10	100
2	170	0	70	10	0
3	180	10	60	0	0
	$\sum_{i=1}^{3} x_i$ 510		$\sum_{i=1}^{3} y_i$ 180		$\sum_{i=1}^{3}(x_i - \bar{x})(y_i - \bar{y})$ 100

練習問題4.2

次の表は、表4.1の単位を身長 x の単位をmに、体重 y の単位をgに変更したものです。この場合の共分散を求めなさい。計算結果から分かることを述べなさい。

i	x_i	$x_i - \bar{x}$	y_i	$y_i - \bar{y}$	$(x_i - \bar{x})(y_i - \bar{y})$
1	1.6		50,000		
2	1.7		70,000		
3	1.8		60,000		
	$\sum x_i$		$\sum y_i$		$\sum(x_i - \bar{x})(y_i - \bar{y})$

練習問題4.3

次のデータに基づき、二つの変数の組を作り、共分散を求めなさい。電卓を用いてよいが、途中の計算を省略しないこと。小数点以下、第3位を四捨五入すること(練習問題3.1の結果を用いてよい)。

No.	x_{1i}	x_{2i}	x_{3i}	x_{4i}
1	9	7	16	6
2	7	1	4	4
3	19	25	0	6
4	7	2	4	7
5	8	5	6	2

2 Excelによる演習：共分散

例4.2：スポーツと服への支出額の共分散

Excelを用いた場合、次のようにして共分散を求めることができます。

1. xとyの平均との偏差を求めます。
2. xとyの偏差を掛けて合計し、偏差積和を求めます。
3. $n-1$で割り算し、共分散を求めます。

図4.4のように、Excelを用いて計算できます。

	A	B	C	D	E	F
2						
3	月	スポーツ	被服及び履物	$x-\bar{x}$	$y-\bar{y}$	$(x-\bar{x})(y-\bar{y})$
4	1	2718	13138	-18.42	1753.75	-32298.23
5	2	1981	8630	-755.42	-2754.25	2080606.35
6	3	3232	13495	495.58	2110.75	1046052.52
7	4	3060	11975	323.58	590.75	191156.85
8	5	3201	11614	464.58	229.75	106738.02
9	6	2735	10826	-1.42	-558.25	790.85
10	7	2832	11026	95.58	-358.25	-34242.73
11	8	2401	8675	-335.42	-2709.25	908727.60
12	9	2220	9051	-516.42	-2333.25	1204929.19
13	10	2648	11120	-88.42	-264.25	23364.10
14	11	2791	13106	54.58	1721.75	93978.85
15	12	3018	13955	281.58	2570.75	723880.35
16					合計	6313683.75
17	平均	2736.42	11384.25		共分散	573971.25
18				Excel関数	covariance.s(x,y)	573971.25

=average(C4:C15)
=average(B4:B15)
=sum(F4:F15)
=F16/(12-1)

図4.4　Excelでの共分散の計算

共分散は、Excelの次の関数により求めることができます。

Excelの関数

covariance.s(xの範囲, yの範囲)

共分散は、**図4.5**のようにExcelのデータ分析ツールを用いて求めることもできます。

1. データのタブより「データ分析」を選択します。
2. 出てきたウィンドウから「共分散」を選択し、「OK」を選びます。
3. 「共分散」と書かれたウィンドウが出るので、「入力範囲」をマウスで選択します。
    - 3行目の変数名を含んだ場合、「先頭行をラベルとして使用」にチェックを入れます。
    - データ方向は「列方向」です。
    - 出力先を同じシートにする場合には、「出力先」をチェックし、出力したい場所の左上に当たるセルを入力します。

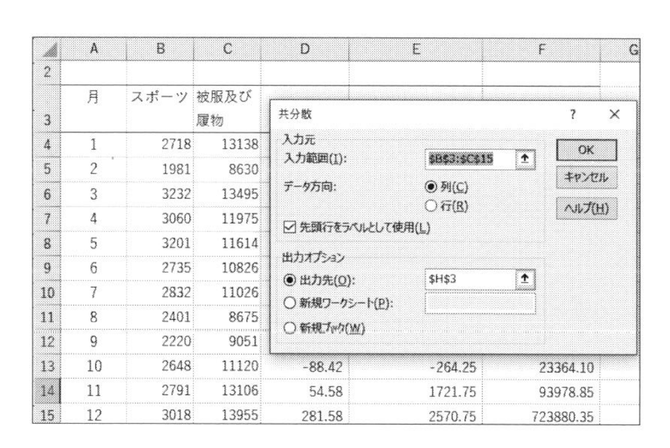

図4.5　Excelでのデータ分析ツールを用いた共分散の計算

この結果、**表4.4**のような表が出力されます。この表は**共分散行列**(covariance matrix)と呼ばれます。左下の「スポーツ」と「被服及び履物」に該当するのが、「スポーツ」と「被服及び履物」の共分散に該当します。ただし、先ほど求めた図4.4での共分散の値よりも小さな値となっていることに注意していください。これは、共分散の計算を次のように$n-1$ではなく、nで割り算しているためです。

$$s_{xy} = \frac{1}{n}\sum_{i=1}^{n}(x_i - \bar{x})(y_i - \bar{y}) \tag{4.2'}$$

左上のスポーツ、スポーツの欄に当たるのが、スポーツの分散です。ここでも$n-1$ではなく、nで割り算して求められていますので、注意してください。

表4.4　Excelでのデータ分析ツールを用いた場合の共分散の計算結果

	スポーツ	被服及び履物
スポーツ	134629.5764	
被服及び履物	526140.3125	3198804.354

練習問題4.4

練習問題4.1で作成した散布図の変数の組み合わせに対して共分散を求めなさい。

4.3 相関係数

1 相関係数とは

共分散は、直線関係の方向のみを示していましたが、次に紹介する**相関係数**は、直線関係の方向とその強さも示します。相関係数は、共分散を x の標準偏差と y の標準偏差の積で割った値となります。

相関係数（correlation coefficient）

$$r_{xy} = \frac{s_{xy}}{s_x s_y} \tag{4.3}$$

この相関係数は、－1以上、1以下の値を取ります。－1に近い場合には右下がりの関係を、1に近い場合には右上がりの関係を示します。これは、標準化をした変数の共分散にも等しいです。

図4.6Aは負の相関関係の散布図が図示されています。(a)は右下がりの一直線の上に散布図が載る場合で、負の完全決定と言われます。この場合、相関係数は－1となります。(b)は、相関係数が－0.8であり、比較的に強い右下がりの相関関係が見られます。

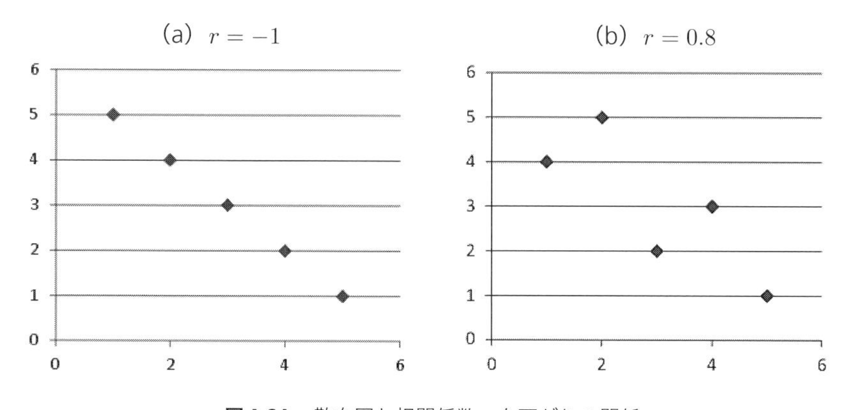

図4.6A　散布図と相関係数：右下がりの関係

図4.6Bは、無相関の場合の散布図です。無相関の場合相関係数は0となります。無相関と聞くと何の関係もないと思いがちですが、あくまで直線関係がないと言うことを意味します。図4.6B (c) には、相関係数が0でも5角形のような関係が見られます。(d)には、無相関であっても、V字の関係が見られます。

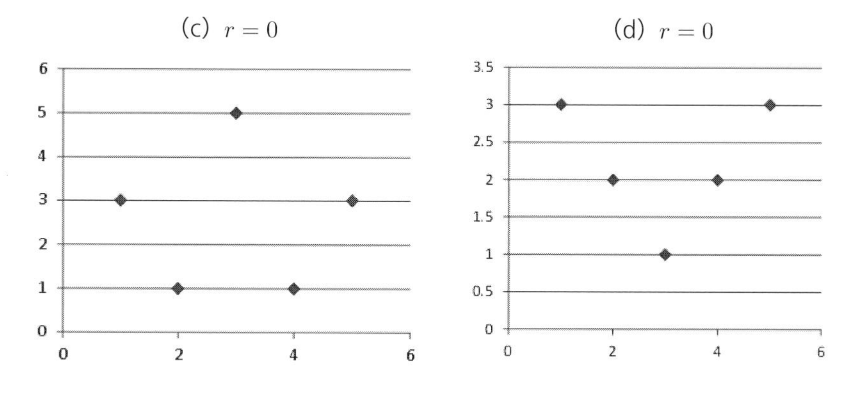

図4.6B　散布図と相関係数：無相関

図4.6Cには、正の相関関係の散布図が示されています。(e) は相関係数が0.8の場合です。右上がりの直線関係が見られます。(f) は相関関係が1の場合で、散布図が一直線上に載る、正の完全決定の場合です。

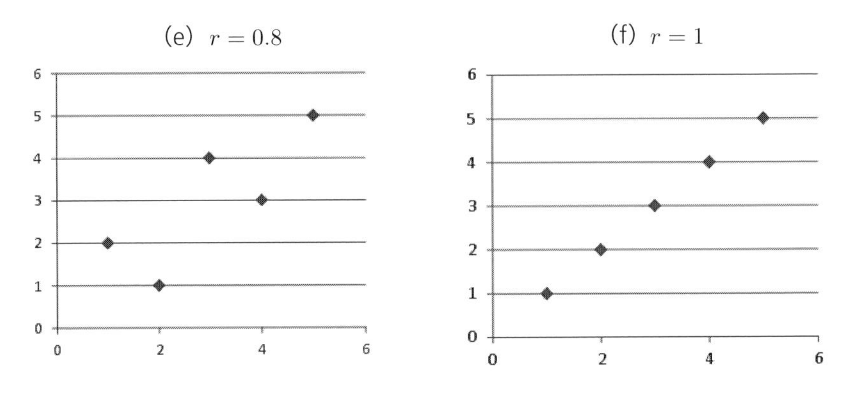

図4.6C　散布図と相関係数：右上がりの関係

例4.3：身長と体重の相関係数

ここでは、表4.1の身長と体重の相関係数を求めます。計算には表4.5を用いると便利です。まず、x_i の分散と標準偏差

$$s_x^2 = \frac{1}{3-1}\sum_{i=1}^{3}(x_i - \bar{x})^2 = \frac{1}{2} \times 200 = 100$$

$$s_x = \sqrt{100} = 10$$

y_i の分散と標準偏差

$$s_y^2 = \frac{1}{3-1}\sum_{i=1}^{3}(y_i - \bar{y})^2 = \frac{1}{2} \times 200 = 100$$

$$s_y = \sqrt{100} = 10$$

次に、x_i と y_i との共分散（先ほどと同様）を求め

$$s_{xy} = \frac{1}{3-1}\sum_{i=1}^{3}(x_i - \bar{x})(y_i - \bar{y}) = \frac{1}{2} \times 100 = 50$$

x_i と y_i との相関係数を求めます。

$$r_{xy} = \frac{s_{xy}}{s_x \times s_y} = \frac{50}{10 \times 10} = \frac{50}{100} = 0.5$$

相関係数が－1から＋1の範囲の値を取っていることを確認します。0.5より、身長と体重との間には、正の相関関係があることが分かります。

表4.5　相関係数のための統計量の計算

i	x_i	$x_i - \bar{x}$	$(x_i - \bar{x})^2$	y_i	$y_i - \bar{y}$	$(y_i - \bar{y})^2$	$(x_i - \bar{x})(y_i - \bar{y})$
1	160	－10	100	50	－10	100	100
2	170	0	0	70	10	100	0
3	180	10	100	60	0	0	0
	$\sum x_i$ 510		$\sum(x - \bar{x})^2$ 200	$\sum y_i$ 180		$\sum(y - \bar{y})^2$ 200	$\sum(x_i - \bar{x})(y_i - \bar{y})$ 100

練習問題4.5

例4.3のデータの単位を変更した練習問題4.2のデータを用いて、相関係数を求めなさい。

練習問題4.6

練習問題4.3で共分散を計算した変数の組に対して、相関係数を求めなさい。

2 Excelによる演習：相関係数

例4.4：スポーツと服への支出額の相関係数

図4.7では2018年のスポーツと被服及び履物への月平均支出額から、相関係数を計算しています。Excelを用いた場合、次のようにして、相関係数を求めることができます。

1. xとyの平均・分散・標準偏差を求めます。
2. xとyのとの偏差を求めます。
3. xとyの偏差を掛けて合計し、偏差積和を求めます。

4. 偏差積和を $n-1$ で割り算し、共分散を求めます。

5. 共分散を x と y の標準偏差を掛けた値で割り、相関係数を求めます。

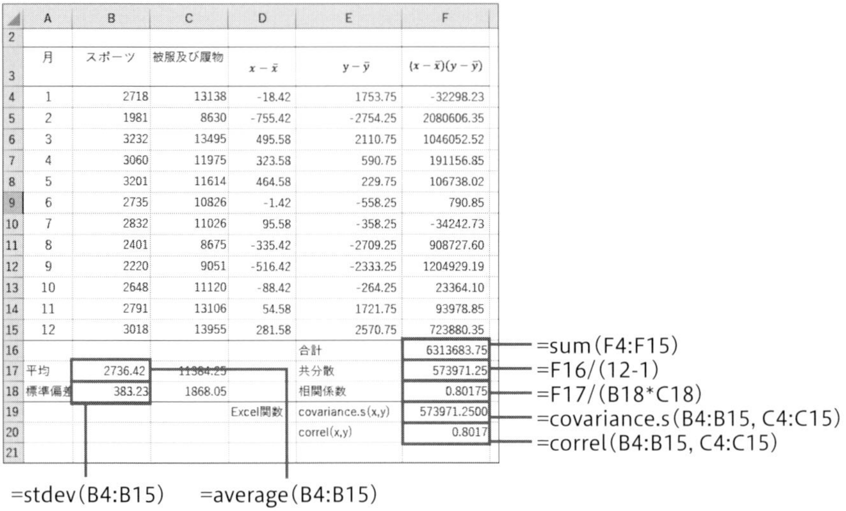

	A	B	C	D	E	F
2						
3	月	スポーツ	被服及び履物	$x-\bar{x}$	$y-\bar{y}$	$(x-\bar{x})(y-\bar{y})$
4	1	2718	13138	-18.42	1753.75	-32298.23
5	2	1981	8630	-755.42	-2754.25	2080606.35
6	3	3232	13495	495.58	2110.75	1046052.52
7	4	3060	11975	323.58	590.75	191156.85
8	5	3201	11614	464.58	229.75	106738.02
9	6	2735	10826	-1.42	-558.25	790.85
10	7	2832	11026	95.58	-358.25	-34242.73
11	8	2401	8675	-335.42	-2709.25	908727.60
12	9	2220	9051	-516.42	-2333.25	1204929.19
13	10	2648	11120	-88.42	-264.25	23364.10
14	11	2791	13106	54.58	1721.75	93978.85
15	12	3018	13955	281.58	2570.75	723880.35
16					合計	6313683.75
17	平均	2736.42	11384.25		共分散	573971.25
18	標準偏差	383.23	1868.05		相関係数	0.80175
19				Excel関数	covariance.s(x,y)	573971.2500
20					correl(x,y)	0.8017
21						

=sum(F4:F15)
=F16/(12-1)
=F17/(B18*C18)
=covariance.s(B4:B15, C4:C15)
=correl(B4:B15, C4:C15)
=stdev(B4:B15)　=average(B4:B15)

出所：総務省『家計調査（家計収支編）』時系列データ（二人以上の世帯）、1世帯当たり1か月間の支出、2018年

図4.7　相関係数の計算

同じ計算を、Excelの関数を用いても可能です。相関係数は、correl関数により求めることができます。

Excelの関数

correl(xの範囲, yの範囲)

練習問題4.7

表4.6のデータより、散布図を描き、共分散、相関係数を計算しなさい。統計量は、Excelの関数を用いない場合と用いた場合とで、結果が同一になることを確認しなさい。

表4.6 学校給食と教科書・学習参考教材への月平均支出額、2018年

月	学校給食(円)	教科書・学習参考教材(円)
1	926	68
2	871	103
3	446	678
4	497	566
5	1122	109
6	980	53
7	934	83
8	499	86
9	893	153
10	1017	109
11	973	71
12	925	95

出所：総務省『家計調査(家計収支編)』時系列データ(二人以上の世帯)、1世帯当たり1か月間の支出、2018年

練習問題4.8

練習問題4.1で作成した散布図の変数の組み合わせに対して相関係数を求めなさい。

3 相関係数の注意点

相関係数を解釈するときには、**「見せかけの相関(疑似相関**：spurious correlation)」に注意します。いくつかの考えられる例を挙げます。

たとえば、アイスクリームの売り上げと海での事故数に、正の相関があったとします。しかし、これは第3の要因として「気温」が関係した「見せかけの相関」かもし

れません。

別の例として、小学校数と理髪店数には正の相関があるかもしれません。しかし、これにも第3の要因として「世帯数」が関連しているかもしれません。世帯の数が多いと、大人や子どもの数も多くなり、理髪店の数も比例して増えると考えられるからです。

このような第3の要因のことを**交絡要因**（こうらくよういん）(confounder) と呼びます。ですから、高い相関係数は、必ずしも原因と結果 (**因果関係**) を示す値ではないことにも注意してください。

4 Excelによる演習：見せかけの相関

例4.5：ゴミ排出量・使用電力量の相関

図4.8は、2015年の都道府県別、ゴミ排出量と使用電力量の散布図です。これらの相関係数は0.997と直線で近似できるような強い正の相関が見られます。しかし、**図4.9**のようにゴミ排出量と電力使用量は、世帯数 (2015年) と強い正の相関を持っていることが分かります。このことから、図4.8のゴミ排出量と使用電力量との高い正の相関関係は、第3の要因として、世帯数を通じた強い正の相関関係を示している可能性があります。

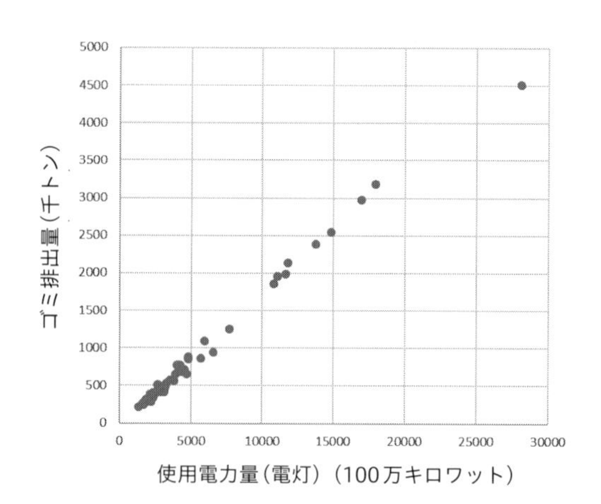

図4.8　ゴミ排出量と使用電力量（電灯）

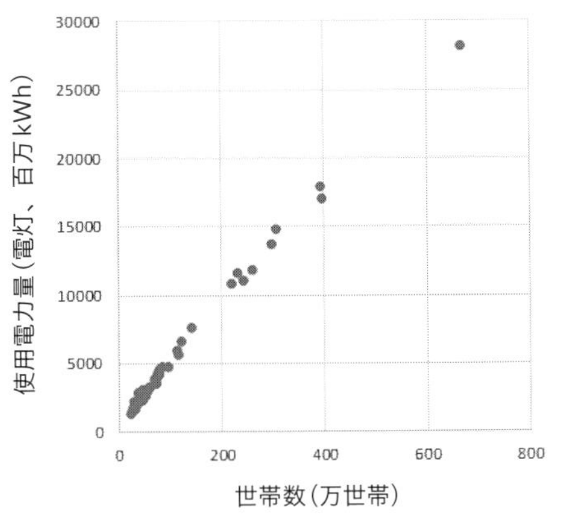

A：使用電力量(電灯)と世帯数

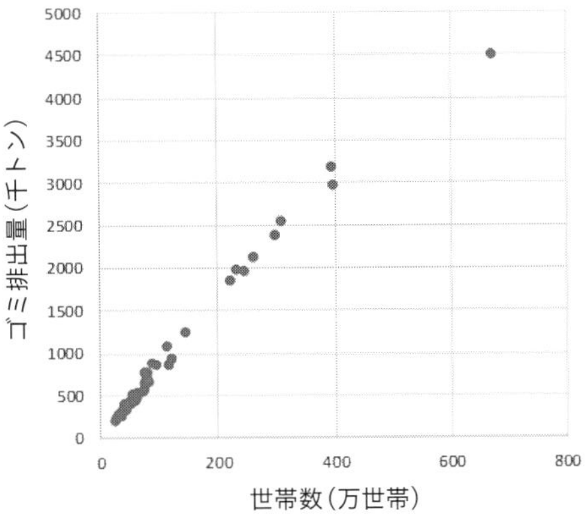

B：ゴミ排出量と世帯数

図4.9 世帯数とゴミ排出量、世帯数と使用電力量との散布図

4.4 回帰分析

二つ変数の散布図の間に直線関係が見られることがあります。この直線関係を式に表すことができれば、x の値が1単位増加したときの y の増加量が分かり、x の値から y の予測値を求めることができます。この直線関係を示す式を求める分析を回帰分析(regression analysis)と呼びます。

1 回帰直線とは

回帰直線は、散布図に見られる直線関係を近似する直線のことです。たとえば、図4.1に直線を書き込んだのが**図4.10**となります。この図に書き込まれた直線が**回帰直線**(regression line)です。

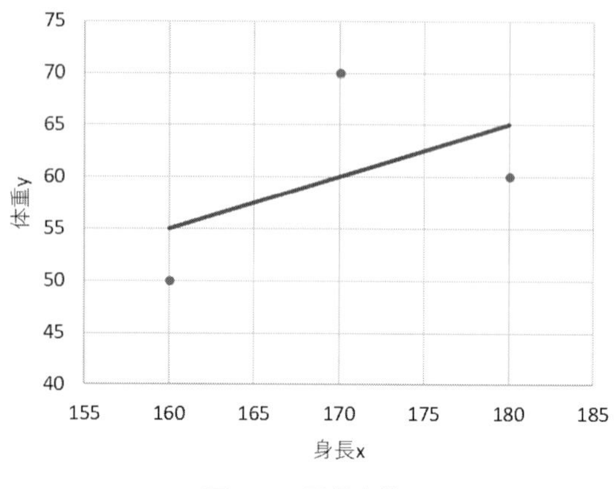

図4.10　回帰直線

2 Excelによる演習：回帰直線

例4.6：体重と身長の回帰直線

Excelを使って散布図に回帰直線を描くことが、**図4.11**のように可能です。

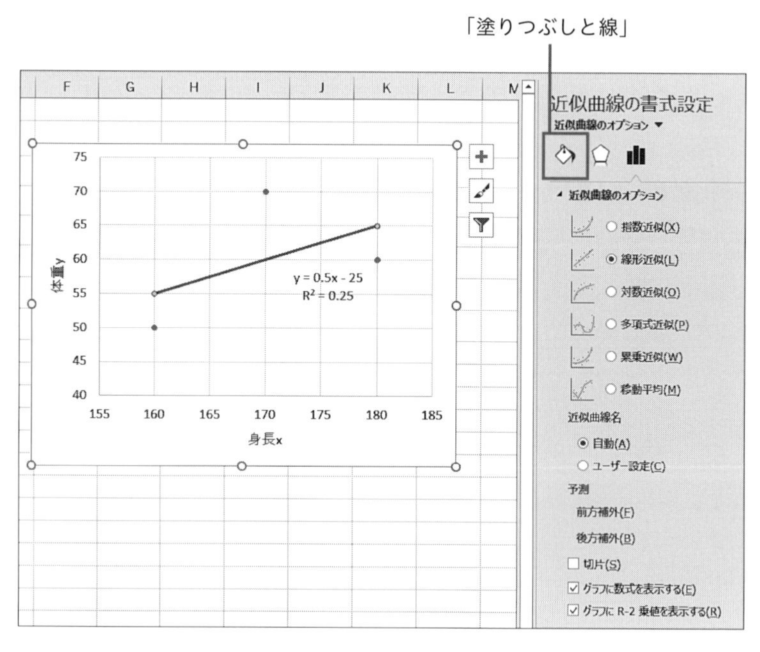

図4.11　Excelでの回帰直線

まず、散布図の描いてあるグラフを選択します。

1. グラフの右上にある「＋」を選択します。
2. 「近似曲線」を選択します。散布図に点線で描かれた直線が出現します。
3. 直線をマウスで選択し、右ボタンをクリックし、「近似曲線の書式設定」を選びます。
4. 「近似曲線の書式設定」ウィンドウで、自動で「線形近似」が選択されています。
5. この際に、画面下方の「グラフに数式を表示する」「グラフにR-2乗値を表示する」にチェックを入れます。すると数式がグラフ上に表示されます。これは直線を示す式であり、回帰直線と呼ばれます。
6. 「近似曲線の書式設定」の「塗りつぶしと線」の部分を選択することにより、直線の太さと色を指定することができます。

練習問題4.9

練習問題4.1にて作成した散布図上に回帰直線を書き込みなさい。

3 単回帰分析

回帰直線と回帰式

散布図に描かれた回帰直線を式で表したものが、回帰式（regression equation）です。図と式で使われる記号との対応を図に示したものが**図4.12**です。横軸にxを取り、縦軸にyを取ります。

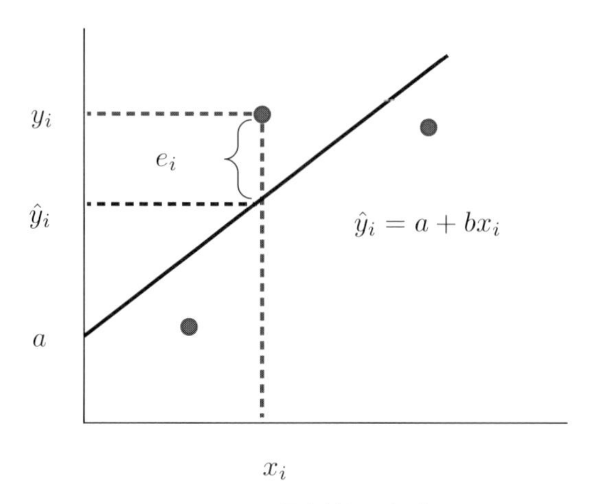

図4.12　回帰直線と回帰式

ある観測対象の中から i 番目の観測値として x_i を選びます。この観測値に対応する縦軸の値を y_i とします。x_i に対応する回帰直線からの値は、実際に観測された y_i よりも低い $\hat{y}_i$ となります。これは x_i に対応する式からの予測値と呼ばれます。

予測値（fitted value）

$$\hat{y}_i = a + bx_i$$

実際の値と回帰直線からの予測値との差を残差と呼びます。回帰直線では説明できない部分という意味があります。図では $e_i = y_i - \hat{y}_i$ と示しています。

残差（residual）

$$e_i = y_i - \hat{y}_i$$

回帰式の表しかたには、いくつかあります。まず予測値 $\hat{y}$ を説明するように書く場合には、次のようになります。

$$\hat{y}_i = a + bx_i \tag{4.4}$$

次に、実際に観測される y_i を説明する式として書く場合には、残差 e_i を追加して、次のように書きます。

$$y_i = a + bx_i + e_i \tag{4.5}$$

ここで a と b は回帰係数と呼ばれます。これらの a と b により、直線の形が決まります。そこで、これらの値は回帰直線の形状を決める重要な値なので、**パラメータ**（**母数**：parameter）と呼ばれます[*1]。a は、**定数項**（constant）、あるいは**切片**（intercept）と呼ばれます。この値は、回帰直線が x と y の平均を通過するように定められます。b は**傾き**（slope）と呼ばれます。b は、x が1単位増えたときの y の変化量を示しています。

4

y と x については名称があり、**表4.7**のようにペアで使われることが多いです。

表4.7　yとxの名称

y	x
被説明変数（explained variable）	説明変数（explanatory variable）
従属変数（dependent variable）	独立変数（independent variable）
回帰される変数（regressand）	回帰する変数（regressor）

回帰係数の求めかた

回帰直線の形状を決める回帰係数 a と b を求める方法は、数多くあります。ここでは最もよく使われる方法として、最小2乗法（least squares）を取り上げます。この最小2乗法の種類も数多くありますが、ここで扱うのは、最も一般的に使われる方法である、**単純最小2乗法**（Ordinary Least Squares：OLS）と呼ばれる方法です。この方法で求めた a と b は次のようになります。

*1　5章で本格的に導入します。

a と b の最小2乗推定量

$$b = \frac{\sum_{i=1}^{n}(x_i - \bar{x})(y_i - \bar{y})}{\sum_{i=1}^{n}(x_i - \bar{x})^2} \tag{4.6}$$

b は**傾き**(slope)と呼ばれ、x_i が1単位増えた場合の y_i の変化量を示します。

$$a = \bar{y} - b\bar{x} \tag{4.7}$$

a は、**切片**(intercept)あるいは**定数項**(constant)と呼ばれ、$\bar{y}$ と $\bar{x}$ とは y と x の平均を示します。

これらの a と b は、次の(4.8)式を満たすように求められます。OLSでは、観測値 y_i と、予測値 $\hat{y}_i$ との y 軸方向の距離を最小にします。

1. 観測値と直線との差

$$y_i - \hat{y}_i = y_i - a - bx_i$$

2. 差を2乗する。

$$(y_i - a - bx_i)^2$$

3. 全観測値について合計し、残差平方和(sum of squared residual)を求めます。

$$S = \sum_{i=1}^{n}(y_i - a - bx_i)^2 \quad (4.8)$$

a と b は、この S を最小にしています。

例4.7：体重と身長の回帰式の回帰係数

表4.1の身長 x と体重 y のデータを用います。これまでの計算で、平均値、体重、共分散まで分かっています。これらの値を用います。

- 身長：平均 $\bar{x} = 170$、分散 $s_x^2 = 100$
- 体重：平均 $\bar{y} = 60$、分散 $s_y^2 = 100$

- 身長 x と体重 y との共分散：$s_{xy} = 50$

これらより、回帰係数は次のようにして求められます。まず b は、(4.6) 式の分子と分母を $n-1$ で割ることにより、分子は共分散、分母は分散になることを利用して求めます。

$$b = \frac{\sum_{i=1}^{n}(x_i - \bar{x})(y_i - \bar{y})}{\sum_{i=1}^{n}(x_i - \bar{x})^2} = \frac{\sum_{i=1}^{n}(x_i - \bar{x})(y_i - \bar{y})/(n-1)}{\sum_{i=1}^{n}(x_i - \bar{x})^2/(n-1)}$$
$$= \frac{s_{xy}}{s_x^2} = \frac{50}{100} = 0.5$$

$$a = \bar{y} - b\bar{x} = 60 - 0.5 \times 170 = 60 - 85 = -25$$

以上をまとめると、OLS により求めた回帰式は次のようになります。

$$y_i = -25 + 0.5x_i + e_i$$

これは、身長 x_i が 1cm 増えると、体重が 0.5kg 増える傾向があることを示しています。しかし、これは身長が 1cm 伸びると体重が 0.5kg 増えるという因果関係を示しているのではないことに注意してください。成人の身長でしたら、1cm 伸びることはないでしょうし、身長を 1cm 減らすことにより体重を減らすことができることを示しているのでもありません。3 人の身長と体重との間にある相関関係を、回帰式により示したものです。

ここでの回帰係数 $\hat{\beta}$ は 0.5 となっており、相関係数の値と同じ値となっています。しかし、b と相関係数の間には次の関係があり

$$b = \frac{s_{xy}}{s_x^2} = \frac{s_{xy}}{s_x s_y} \cdot \frac{s_y}{s_x} = r_{xy} \cdot \frac{s_y}{s_x}$$

必ずしも相関係数の値と同じ値となるのではないことにも注意してください。

4 全変動の分解と決定係数

全変動の分解

最小2乗法で求められた回帰式では、全変動の分解という関係が成立します。**図4.13**のように、ある x_i に対して A_i を実際の観測値とその観測値の平均との差とします。

$$A_i = y_i - \bar{y}$$

B_i を回帰式からの予測値と観測値の平均との差とします。

$$B_i = \hat{y}_i - \bar{y}$$

C_i を実際の観測値と回帰式からの予測値との差として、残差に対応します。

$$C_i = y_i - \hat{y}_i = e_i$$

観測値 y_i とその平均 $\bar{y}$ との差である A_i を、B_i と C_i に分解できます。

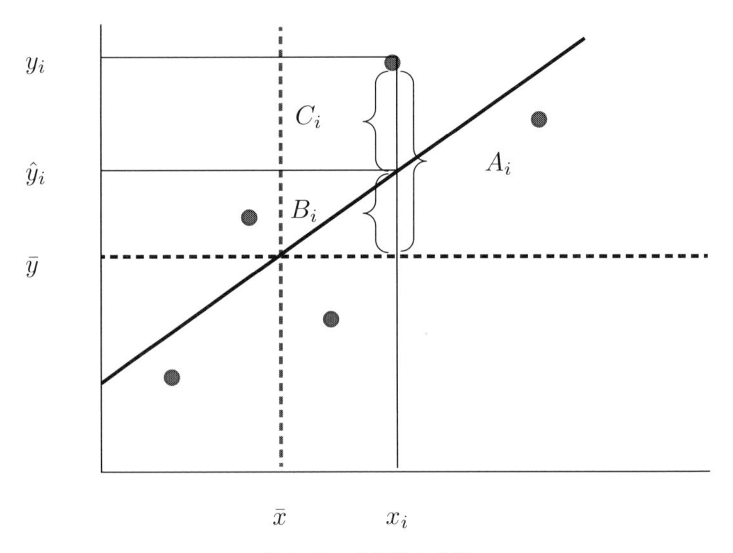

図4.13　全変動の分解

これらの A_i、B_i、C_i の間には、それぞれを2乗して全観測値を合計して得られる次の関係式も成立します。この関係を全変動の分解と呼びます。

全変動の分解

$$\sum_{i=1}^{n}(y_i - \bar{y})^2 = \sum_{i=1}^{n}(\hat{y}_i - \bar{y})^2 + \sum_{i=1}^{n}(y_i - \hat{y}_i)^2 \tag{4.9}$$

$$\text{全変動 } TSS = \text{回帰変動 } ESS + \text{残差変動 } RSS$$

4

左辺は、**全変動**（Total Sum of Squares：TSS）と呼ばれ、これが右辺の**回帰により説明された変動**（Explained Sum of Squares：ESS）と、回帰により説明できない**残差変動**（Residual Sum of Squares：RSS）とに分解されます。

決定係数

散布図において、回帰直線がよく当てはまる回帰直線の場合、全変動に占める、回帰により説明された変動の割合が高くなります。逆に回帰直線がよく当てはまらない場合には、全変動に占める残差変動の割合が高くなります。そこで、全変動に占める回帰変動の割合が、回帰式のデータへの当てはまりのよさを示す値として使われています。この値を決定係数と呼びます。決定係数は0から1の範囲を取ります。式のデータへの当てはまりがよいほど1に近い値を取ります。

決定係数（coefficient of determination）

$$R^2 = \frac{ESS}{TSS} = \frac{\sum_{i=1}^{n}(\hat{y}_i - \bar{y})^2}{\sum_{i=1}^{n}(y_i - \bar{y})^2} \tag{4.10}$$

例4.8：体重と身長の回帰式の決定係数

先の計算で、表4.1のデータを用いて体重 y_i を身長 x_i で説明する回帰式を求めました。

$$y_i = -25 + 0.5x_i + e_i$$

この結果を利用して、決定係数を計算します。例4.7を利用して、回帰式から求

められる予測値 $\hat{y}_i$ を求めます。全変動は、分散の計算のときにすでに200として求められています。回帰変動は、予測値の偏差を2乗して合計して求めることができ、50となります。そこで、決定係数は次のようにして求められます。

$$R^2 = \frac{ESS}{TSS} = \frac{\sum_{i=1}^{n}(\hat{y}_i - \bar{y})^2}{\sum_{i=1}^{n}(y_i - \bar{y})^2} = \frac{50}{200} = 0.25$$

表4.8　決定係数の計算

i	x_i	y_i	$y_i - \bar{y}$	$(y_i - \bar{y})^2$	$\hat{y}_i = -25 + 0.5x_i$	$\hat{y}_i - \bar{y}$	$(\hat{y}_i - \bar{y})^2$
1	160	50	-10	100	55	-5	25
2	170	70	10	100	60	0	0
3	180	60	0	0	65	5	25
	$\sum x_i$ 510	$\sum y_i$ 180		$\sum(y_i - \bar{y})^2$ 200			$\sum(\hat{y}_i - \bar{y})^2$ 50

残差分散

回帰式の当てはまりがよければ、残差変動が小さくなります。そこで、残差の分散やその標準誤差を当てはまりを示す値として報告します。

- 残差分散（variance of residual）

$$s_e^2 = \frac{1}{n-2}\sum_{i=1}^{n}(y_i - \hat{y}_i)^2 = \frac{1}{n-2}\sum_{i=1}^{n}e_i^2 \quad (4.11)$$

- 残差標準誤差（回帰標準誤差：standard error of regression）

$$s_e = \sqrt{s_e^2} \quad (4.12)$$

ここでRSSを割っている $n-2$ は**回帰式の自由度**と呼ばれています。残差を計算するためには、a と b がすでに求められている必要があります。ですので、残差分散を計算するために必要なデータの数は、実質的には $n-2$ しかありません。そこで、この $n-2$ を回帰式の自由度と呼びます。

回帰式の自由度（degree of freedom of regression）

$$d.f. = n - k - 1 = n - K \quad (4.13)$$

ここで k は定数項を除く説明変数の数、K は定数項を含む説明変数の数です。

例4.9：体重と身長の回帰式の残差

例4.8を用いて、回帰式では説明できない部分である残差を求めます。残差は、実際の観測値 y_i から式からの予測値である $\hat{y}_i$ を引いて求めます。残差分散は次のようになります。

$$s_e^2 = \frac{1}{n-2}\sum_{i=1}^{n} e_i^2 = \frac{1}{3-2} \times 150 = 150$$

回帰標準誤差は、標準偏差として求めることができます。電卓を用いて、小数点以下3桁目を四捨五入します。

$$s_e = \sqrt{s_e^2} = \sqrt{150} = 12.25$$

表4.9　残差の計算

	y_i	$\hat{y}_i = -25 + 0.5x_i$	$e_i = y_i - \hat{y}_i$	e_i^2
1	50	55	-5	25
2	70	60	10	100
3	60	65	-5	25
	$\sum y_i$ 180			$\sum e_i^2$ 150

5　Excelによる演習：単回帰分析

例4.10：消費と所得の回帰分析

消費支出 C と所得 Y との関係を消費関数と呼びます。

$$C = a + bY$$

この関係に重要な係数 a と b を回帰分析により求めます。

データには、都道府県データに含まれる、2017年の『家計調査』に基づく都道府県別のデータを用います。ここでは消費 C に、消費支出（円、二人以上の世帯のうち勤労者世帯）、所得 Y に可処分所得（円、二人以上の世帯のうち勤労者世帯）を用います。これらの散布図が**図4.14**です。この図を見ると、所得と消費の間には、正の相関関係が見られます。

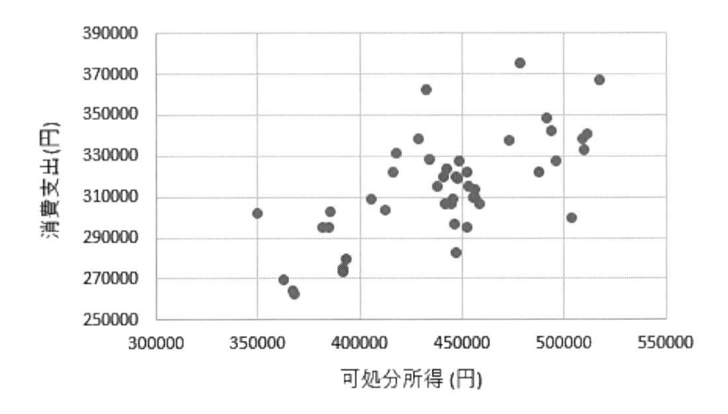

出所：可処分所得（円）（2017）（二人以上の世帯のうち勤労者世帯）、消費支出（円）（2017）（二人以上の世帯のうち勤労者世帯）は『家計調査』による
https://www.e-stat.go.jp/regional-statistics/ssdsview/prefectures

図4.14　消費支出と可処分所得

Excelを用いた回帰式の求めかたとして、データ分析ツールを用いた方法があります。

1. データのタブより「データ分析」を選択します。
2. 出てきたウィンドウから「回帰分析」を選択し、「OK」を選びます。
3. **図4.15**のように「回帰分析」と書かれたウィンドウが出るので、「入力Y範囲」に消費を、「入力X範囲」に可処分所得を選択します。
   - 1行目の変数名を含んだ場合、「ラベル」にチェックを入れます。
   - 出力先を、同じシートとする場合には、「一覧の出力先」をチェックし、出力したい場所の左上に当たるセルを入力します。

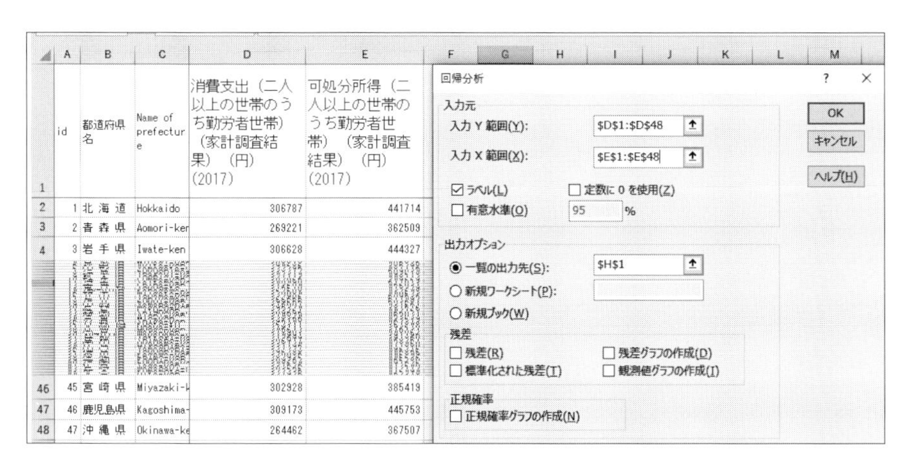

図4.15　Excelデータ分析ツールによる回帰分析

表4.10が、データ分析ツールによる回帰分析の出力結果となります。1番目の表は回帰式のデータへの当てはまりの概要を示しています。「重決定R2」が決定係数を示しています。標準誤差が、残差標準誤差を示しています。観測数は、観測値数nを示しています。2番目の表は分散分析表です。ここでは、説明を省きます。3番目の表は、回帰分析の係数に関する表になります。切片の係数が、切片aを、可処分所得の係数が、傾きbの値を示しています。その他の「標準誤差」、「t」、「P-値」、「下限95%」、「上限95%」については、7章で説明します。

この回帰分析の結果をまとめると次のように書くことができます。

$$C_i = 124898.1 + 0.43Y_i + e_i$$

$$n = 47, R^2 = 0.534, s^2 = 18802.83$$

ここで重要なのは、Y_iの係数0.43です。この場合の傾き0.43は**限界消費性向**(marginal propensity to consume)と呼ばれ、可処分所得が1単位増えたときに消費が変化する金額を示しています。ここでは0.43なので、可処分所得が1万円増えた場合、4,300円を消費することが分かります。

表4.10　Excel分析ツールによる回帰分析の出力結果（部分）

概要

回帰統計	
重相関R	0.731073
重決定R2	0.534468
補正R2	0.524123
標準誤差	18802.83
観測数	47

分散分析表

	自由度	変動	分散	観測された分散比	有意F
回帰	1	1.83E+10	1.83E+10	51.66369	5.37E-09
残差	45	1.59E+10	3.54E+08		
合計	46	3.42E+10			

	係数	標準誤差	t	P-値	下限95%	上限95%
切片	124898.1	26251.57	4.75774	2.05E-05	72024.76	177771.5
可処分所得	0.428526	0.059619	7.187746	5.37E-09	0.308447	0.548605

ここでは説明を省略しましたが、標準誤差やt、P-値、下限95%、上限95%の意味を理解することが、5章からの目的となります。

練習問題4.10

練習問題4.1で選んだ2変数の組に対して、Excelを用いて単回帰分析を行いなさい。求められた係数の値が何を示すのかも考えてみなさい。

6 重回帰分析

経済活動の結果として得られる変数yには、数多くの関連する要因が存在します。そこで一つのデータのみをxとして取り上げて分析をすることは、yに関連する他の変数z, v, wなどのyへの影響を無視することになります。このような場合、xの係数には偏りが生じることが知られています。そこで、yに関連する変数をできるだけ回帰式に含め、他の説明変数を一定にしたうえで、xのみのyへの影響を調べるのが**重回帰分析**です。

説明変数が二つ以上の回帰式を**重回帰式**（multiple regression equation）と呼びます。k 個の変数を含む重回帰式は次のように示されます。

$$\hat{y}_i = a + b_1 x_{1i} + b_2 x_{2i} + \cdots + b_k x_{ki} \tag{4.14}$$

ここで y_i は被説明変数であり、$\hat{y}_i$ は重回帰式からの y_i の予測値となります。x_{1i} から x_{ki} は説明変数です。b_1 から b_k は**偏回帰係数**と呼ばれます。重回帰分析の目的は、偏回帰係数を求めることです。偏回帰係数 b_1 は、x_{2i} から x_{ki} を一定とした場合で、x_{1i} のみを１単位増やした場合の y の変化量を示しています。一般的には次のように書くことができます。

偏回帰係数（partial regression coefficient）

重回帰式において、j 番目の偏回帰係数 b_j は、他の変数を一定とした場合で、x_{ji} を１単位増やした場合の y の変化量を示します。

たとえば、二つの説明変数を持つ重回帰式を考えます。

$$\hat{y}_i = a + b_1 x_{1i} + b_2 x_{2i} \tag{4.15}$$

単回帰式が、y と x の直線関係を示す直線の式であったのに対して、この重回帰式は、y, x_1, x_2 の間の平面の式となります。たとえば、次の重回帰式のグラフは**図 4.16** となります。

$$\hat{y}_i = 1.0 + 0.4 x_{1i} + 0.6 x_{2i}$$

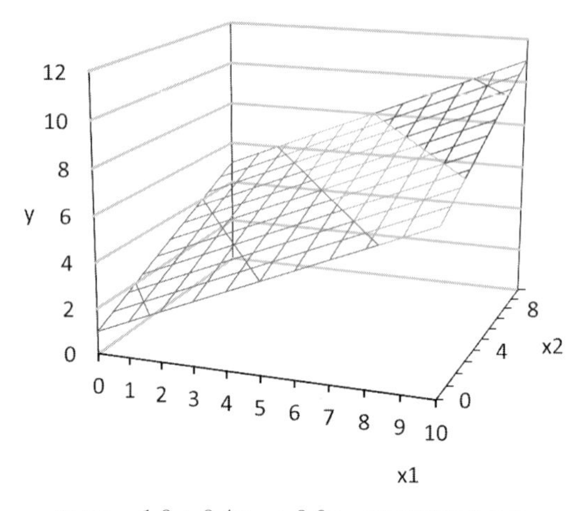

注：$y = 1.0 + 0.4x_{1i} + 0.6x_{2i}$ の回帰平面を示す。

図4.16　回帰平面

図4.17 は、図4.16を側面から見た図となります。Aは $y - x_1$ 方面から見た場合（$x_2 = 5$ の場合）のグラフになります。x_1 の偏回帰係数と等しい、0.4の傾きを持つ単回帰直線を見ることができます。一方、Bは $y - x_2$ 方面から見た場合（$x_1 = 5$ の場合）のグラフになります。x_2 の偏回帰係数と等しい、0.6の傾きを持つ単回帰直線となります。

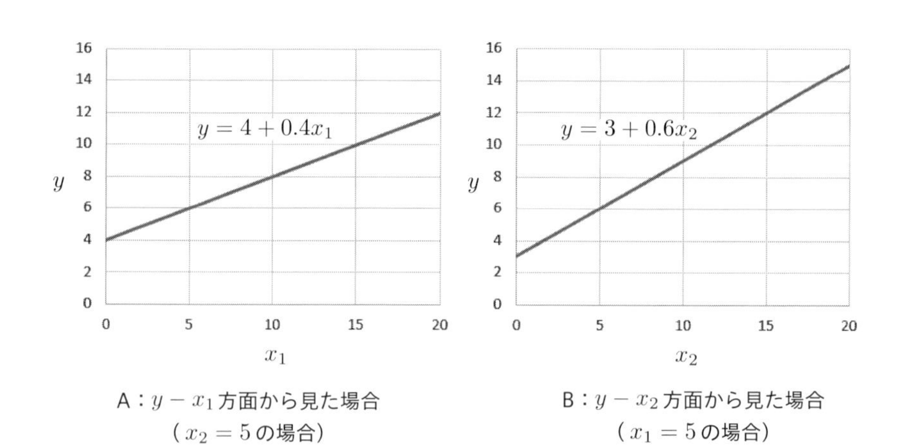

A：$y - x_1$ 方面から見た場合（$x_2 = 5$ の場合）

B：$y - x_2$ 方面から見た場合（$x_1 = 5$ の場合）

図4.17　図4.16の回帰平面を側面から見た場合

偏回帰係数の求めかた

重回帰分析の目的は、偏回帰係数を求めることです。たとえば、二つの説明変数を持つ重回帰式を考えます。

$$y_i = a + b_1 x_{1i} + b_2 x_{2i} + e_i$$

実際に観測される y_i と、式からの予測値 $\hat{y}_i$ との差の2乗和を最小にするように最小2乗法によりパラメータを求めます。

重回帰式からの予測値が $\hat{y}_i$ となります。

$$\hat{y}_i = a + b_1 x_{1i} + b_2 x_{2i}$$

観測値 y_i と予測値 $\hat{y}_i$ との差が、残差 e_i となります。

$$e_i = y_i - \hat{y}_i = y_i - a - b_1 x_{1i} - b_2 x_{2i}$$

この差の2乗和である残差平方和は次式となります。

$$RSS = \sum_{i=1}^{n} e_i^2 = \sum_{i=1}^{n} (y_i - \hat{y}_i)^2 = \sum_{i=1}^{n} (y_i - a - b_1 x_{1i} - b_2 x_{2i})^2 \qquad (4.16)$$

このRSSを最小にするパラメータ a, b_1, b_2 が、最小2乗推定量 (ordinary least squares estimator) となっています。

このようにして求められた a, b_1, b_2 は単回帰式の場合の (4.6) 式や (4.7) 式のように書くことができません。実際の分析では、ソフトウェアを利用して求めます。

7 重回帰式の当てはまりの指標

重決定係数と自由度調整済決定係数

重回帰式のデータへの当てはまりの指標には、単回帰式の場合と同様に、決定係数が使われます。ただし、決定係数は、説明変数の数が増えるにつれて1に近づくという性質を持ちます。

$$R^2 = \frac{ESS}{TSS} = \frac{TSS - RSS}{TSS} = 1 - \frac{RSS}{TSS} = 1 - \frac{\sum_{i=1}^{n} e_i^2}{\sum_{i=1}^{n}(y_i - \bar{y})^2} \qquad (4.17)$$

これは、説明変数の増加により、回帰式で説明できる部分 ESS が増え、説明できない残差平方和 RSS が減るからです。

しかし説明変数が増えるにつれて、回帰式（残差）の自由度（$n-K$）は小さくなるので、この自由度の減少を反映させた決定係数が自由度調整済決定係数と呼ばれます。ここでKは定数項を含む説明変数の数です。

決定係数の（4.17）式の右辺第2項の分子と分母をそれぞれの自由度で割ります。

自由度調整済決定係数（adjusted coefficient of determination）

$$\overline{R^2} = 1 - \frac{\frac{\sum_{i=1}^{n} \hat{u}_i^2}{n-K}}{\frac{\sum_{i=1}^{n}(y_i - \bar{y})^2}{n-1}} = 1 - \frac{n-1}{n-K} \frac{\sum_{i=1}^{n} \hat{u}_i^2}{\sum_{i=1}^{n}(y_i - \bar{y})^2} \qquad (4.18)$$

説明変数の数が増加すると残差は減少しますので、$\sum_{i=1}^{n} \hat{u}_i^2$ は低下することになります。しかし、$(n-1)/(n-K)$ が大きくなるので、右辺第2項の部分は小さくなり、説明変数を増やすと決定係数が1に近づく欠点を修正しています。

回帰標準誤差

単回帰分析の場合と同様に、重回帰式のデータへの当てはまりの指標として、残差の分散も使われます。

$$s_e^2 = \frac{1}{n-K} \sum_{i=1}^{n} \hat{u}_i^2 = \frac{1}{n-K} \sum_{i=1}^{n} (y_i - a - b_1 x_{1i} - \cdots - b_k x_{ki})^2 \qquad (4.19)$$

ここで K は定数項を含む偏回帰係数の数であり、$n-K$ が回帰式の自由度となります。

残差分散の平方根が、**残差標準誤差**あるいは**回帰標準誤差**（standard error of regression）です。

$$s_e = \sqrt{s_e^2}$$

8 Excelによる演習：重回帰分析

例4.11：消費関数とスマートフォン所有台数

先に出てきた、消費支出 C_i と所得 Y_i との関係である消費関数に、スマートフォンの保有台数 Z_i を含めた重回帰分析を行います。この場合、次のような重回帰式を求めることになります。

$$C_i = a + b_1 Y_i + b_2 Z_i + e_i \tag{4.20}$$

この関係に重要な係数 a と b_1 と b_2 を回帰分析により求めます。

データには、先の例と同様に、2017年の『家計調査』に基づく都道府県別のデータを用います。ここでは消費 C_i に、消費支出（円、二人以上の世帯のうち勤労者世帯）、所得 Y_i に可処分所得（円、二人以上の世帯のうち勤労者世帯）、スマートフォン所有量 Z_i にはスマートフォン所有数量（千世帯当たり台数）を用います。ただし利用できるデータの制限からこの変数は2014年に観測された値となります[*2]。

重回帰分析をExcelで行う場合、データ分析ツールを利用すると便利です。

1. データのタブより、「データ分析」を選択します。
2. 出てきたウィンドウから「回帰分析」を選択し、「OK」を選びます。
3. **図4.18**のように「回帰分析」と書かれたウィンドウが出るので、「入力Y範囲」に消費を、「入力X範囲」に可処分所得とスマートフォン所有台数の2列を選択します。ここで説明変数に使う変数は、並べて配置することに注意してください。
   - 1行目の変数名を含んだ場合、「ラベル」にチェックを入れます。
   - 出力先を同じシートにする場合には、「一覧の出力先」をチェックし、出力したい場所の左上に当たるセルを入力します。

*2 データが利用できるならば、2017年と同一であることが望ましいです。

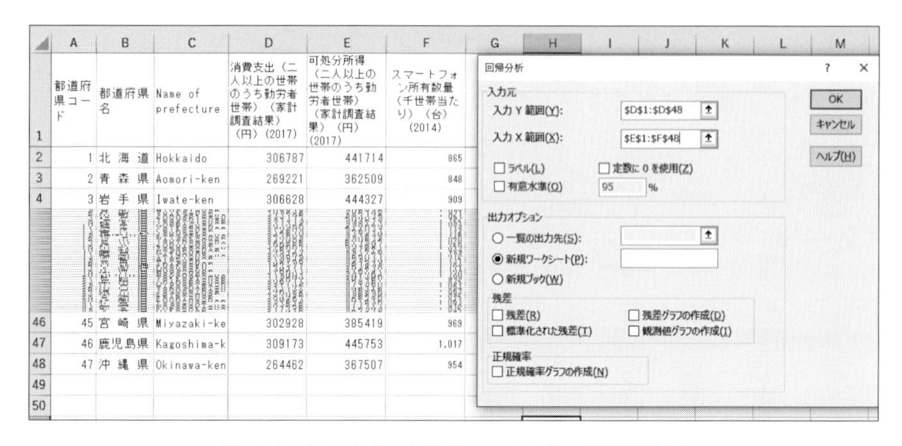

図4.18　Excelデータ分析ツールによる重回帰分析

表4.11が回帰分析の出力結果となります。1番目の表は回帰式のデータへの当てはまりの概要を示しています。「重決定R2」が決定係数、「補正R2」が自由度調整済決定係数を示しています。2番目の表は分散分析表です。ここでは、説明を省きます。3番目の表は、回帰分析の係数に関する表になります。切片の係数が、切片aを、可処分所得の係数がb_1、スマートフォン所有水量の係数がb_2の値を、それぞれ示しています。

表4.11　Excelデータ分析ツールによる重回帰分析の出力結果（部分）

回帰統計	
重相関R	0.739499
重決定R2	0.546859
補正R2	0.526262
標準誤差	18760.54
観測数	47

分散分析表

	自由度	変動	分散	観測された分散比	有意F
回帰	2	1.87E+10	9.34E+09	26.55003	2.74E-08
残差	44	1.55E+10	3.52E+08		
合計	46	3.42E+10			

	係数	標準誤差	t	P-値	下限95%	上限95%
切片	100524.8	34348.27	2.926634	0.005404	31300.44	169749.2
可処分所得(円)	0.419557	0.060044	6.987476	1.19E-08	0.298546	0.540569
スマートフォン所有数量(千世帯当たり台数)	26.92534	24.54723	1.096879	0.278661	-22.5464	76.39704

3番目の表より、式では次のように表されます。

$$C_i = 100524.8 + 0.419557Y_i + 26.92534Z_i + e_i$$

重回帰分析の結果は、表にまとめられることが多いです。単回帰分析の結果も含めて、分析結果をまとめたのが**表4.12**になります。スマートフォン所有台数を追加したことにより、可処分所得の係数は、0.429から0.420にやや低下しています。スマートフォンの所有台数の係数は約26.9で大きな値が示されています。これは、千世帯当たりのスマートフォン所有数量が1,000世帯当たり一台増えると消費は約27円増えるという結果を示しています。

表4.12 回帰分析の結果

	(a)	(b)	(c)	(d)	(e)
切片	124898.136	100524.818	10.052	-6.4E-16	1.894
可処分所得	0.429	0.420	0.420	0.716	0.594
スマートフォン所有数量		26.925	2.693	0.112	0.083
決定係数	0.534	0.547	0.547	0.547	0.573
自由度修正済決定係数		0.526	0.526	0.526	0.553
回帰標準誤差	18802.8	18760.5	1.876	0.688	0.026
観測値数	47	47	47	47	47

注：(a)と(b)の被説明変数は、消費支出(2017年、円、二人以上の世帯のうち勤労者世帯)、説明変数については、可処分所得(2017年、円、二人以上の世帯のうち勤労者世帯)、スマートフォン所有台数(2014年、千世帯当たり台数)。(c)の被説明変数の消費支出と説明変数の可処分所得は万円単位、スマートフォン所有台数は1世帯当たり台数。(d)は標準化回帰係数を示す。(e)の被説明変数はln(消費支出)、説明変数は、ln(可処分所得)、ln(スマートフォン所有数量)となっている。

しかし、スマートフォンの所有台数が1,000世帯当たり1台増えると27円消費が増えると言ってもよく分からないでしょう。次に、データの単位を変更します。**図4.19**のように単位を変換します。この変換後のデータを用いた推定結果が、表4.12

の(c)に示されています。式で示すと次のようになります。

$$C_i = 10.052 + 0.420Y_i + 2.693Z_i + e_i$$

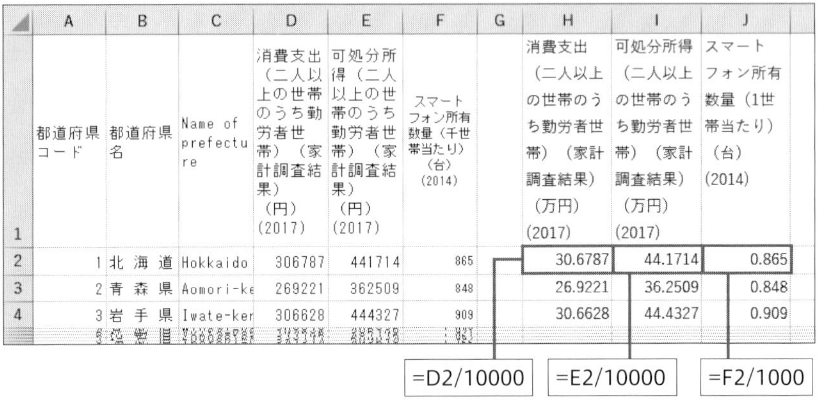

	A	B	C	D	E	F	G	H	I	J
1	都道府県コード	都道府県名	Name of prefecture	消費支出（二人以上の世帯のうち勤労者世帯）（家計調査結果）（円）(2017)	可処分所得（二人以上の世帯のうち勤労者世帯）（家計調査結果）（円）(2017)	スマートフォン所有数量（千世帯当たり）（台）(2014)		消費支出（二人以上の世帯のうち勤労者世帯）（家計調査結果）（万円）(2017)	可処分所得（二人以上の世帯のうち勤労者世帯）（家計調査結果）（万円）(2017)	スマートフォン所有数量（1世帯当たり）（台）(2014)
2	1	北 海 道	Hokkaido	306787	441714	865		30.6787	44.1714	0.865
3	2	青 森 県	Aomori-ke	269221	362509	848		26.9221	36.2509	0.848
4	3	岩 手 県	Iwate-ker	306628	444327	909		30.6628	44.4327	0.909
5	[illegible]	[illegible]	[illegible]	[illegible]	[illegible]	[illegible]				

=D2/10000　=E2/10000　=F2/1000

図4.19　単位の変換

可処分所得の係数は0.420と変わりませんが、スマートフォン所有台数の係数は約2.7であり、1世帯当たり一台増えると消費は約2.7万円増えるという結果を示しています。こちらのほうが解釈しやすくなったのではないでしょうか。

係数を比較する際の注意点があります。可処分所得とスマートフォン所有数量の単位が同一でないために、可処分所得とスマートフォン所有数量の係数の値を用いて、消費への影響力の強さ比較することはできない点です。

それでは、二つの説明変数が被説明変数へ及ぼす影響を比較するためには、どうすればよいでしょうか。このときに使われるのが、**標準化回帰係数**(standardized regression coefficient)です。この回帰係数は、被説明変数と説明変数を、**図4.20**のように標準化させてから回帰分析を行うことで得られます。係数は、各変数が1標準偏差増えたときに、標準化された消費がどのくらい増えるのかを示します。この標準化回帰係数の結果が表4.12の(d)に示されています。切片の係数は$-6.4E-16 = -6.4 \times 10^{-16} \approx 0$であり、0となります(なぜでしょう)。可処分所得の係数は0.716、スマートフォン所有数量の係数は0.112であり、可処分所得のほうが消費に及ぼす影響が大きいことが分かります。

	A	B	C	D	E	F	G	H	I	J
1	都道府県コード	都道府県名	Name of prefecture	消費支出（二人以上の世帯のうち勤労者世帯）（家計調査結果）（円）(2017)	可処分所得（二人以上の世帯のうち勤労者世帯）（家計調査結果）（円）(2017)	スマートフォン所有数量（千世帯当たり）（台）(2014)		消費支出（二人以上の世帯のうち勤労者世帯）（家計調査結果）（標準化）(2017)	可処分所得（二人以上の世帯のうち勤労者世帯）（家計調査結果）（標準化）(2017)	スマートフォン所有数量（千世帯当たり）（標準化）(2014)
2	1	北海道	Hokkaido	306787	441714	865		-0.21162	0.081751	-1.636
3	2	青森県	Aomori-ke	269221	362509	848		-1.58984	-1.62156	-1.78546
46	45	宮崎県	Miyazaki-	302928	385419	969		-0.3532	-1.12888	-0.72167
47	46	鹿児島県	Kagoshima	309173	445753	1,017		-0.12408	0.16861	-0.29967
48	47	沖縄県	Okinawa-k	264462	367507	954		-1.76444	-1.51407	-0.85354

=STANDARDIZE(D2, AVERAGE(D$2:D$48), STDEV.S(D$2:D$48))

図4.20 標準化の方法

0より大きな値を取る変数の場合、対数変換することができます。対数変換では自然対数(log natural)、ln がよく使われます。この場合、次のようになります。

$$\ln C_i = \alpha + \beta_1 \ln Y_i + \beta_2 \ln Z_i + u_i \tag{4.21}$$

この場合、偏回帰係数 β_1 と β_2 は、**弾力性**(elasticity) として解釈できます。β_1 は可処分所得 Y_i が1%増加したときの消費 C_i が何%変化するかを示します。Excelで対数変換をするときには、**図4.21**のように、ln( )関数を使うことができます。この(4.21)式の推定結果が表4.12(e)になります。可処分所得の係数は0.594なので、可処分所得が1%(10%)増えたときに、消費は0.594%(5.9%)増えることが分かります。また、スマートフォン所有数量の係数0.083から、スマートフォン所有数量が1%(10%)増えたときに、消費は0.083%(0.83%)増えることが分かります。

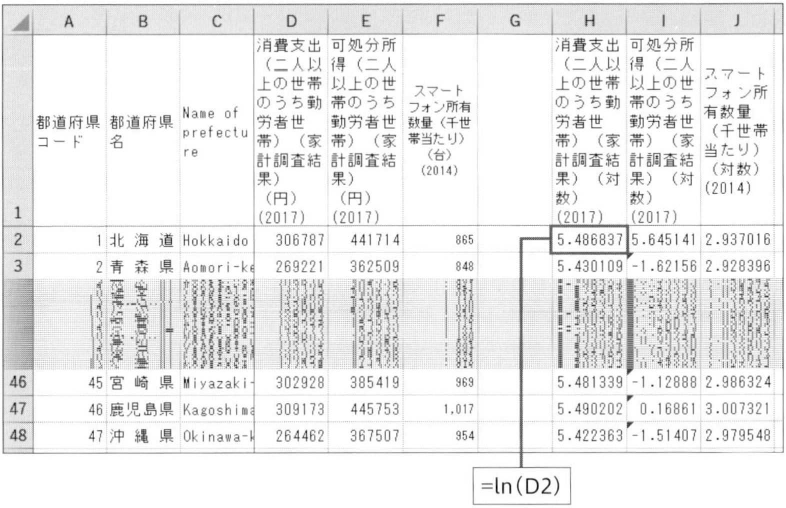

	A	B	C	D	E	F	G	H	I	J
1	都道府県コード	都道府県名	Name of prefecture	消費支出（二人以上の世帯のうち勤労者世帯）（家計調査結果）（円）(2017)	可処分所得（二人以上の世帯のうち勤労者世帯）（家計調査結果）（円）(2017)	スマートフォン所有数量（千世帯当たり）（台）(2014)		消費支出（二人以上の世帯のうち勤労者世帯）（家計調査結果）（対数）(2017)	可処分所得（二人以上の世帯のうち勤労者世帯）（家計調査結果）（対数）(2017)	スマートフォン所有数量（千世帯当たり）（対数）(2014)
2	1	北海道	Hokkaido	306787	441714	865		5.486837	5.645141	2.937016
3	2	青森県	Aomori-ke	269221	362509	848		5.430109	-1.62156	2.928396
46	45	宮崎県	Miyazaki-	302928	385419	969		5.481339	-1.12888	2.986324
47	46	鹿児島県	Kagoshima	309173	445753	1,017		5.490202	0.16861	3.007321
48	47	沖縄県	Okinawa-k	264462	367507	954		5.422363	-1.51407	2.979548

=ln(D2)

図4.21　（自然）対数変換

例4.12：電力使用量・ゴミ総排出量・世帯数

見せかけの関係は、回帰分析でも見られます。たとえば、y が使用電力量、x がゴミ排出量として、単回帰分析を行った結果が**表4.13**の(a)です。ゴミ排出量の係数は5.800であり、ゴミ排出量が1千トンを増えると、電力量が5.8百万kWh増えることになります。しかし、さらに一般世帯数を説明変数に含めると、電力量の増加量は2.750百万kWhに減ります。世帯数の影響が、被説明変数の使用電力量やゴミ排出量から除かれるからです。ここで使われた世帯数のような変数は、**共変量**(covariate)や**コントロール変数**(control variable)と呼ばれます。

表4.13　回帰分析の結果

	(a)	(b)
切片	208.3579	539.470
ごみ総排出量(千トン、2014年)	5.8004	2.7499
一般世帯数(万世帯、2015年)		22.428
決定係数	0.9930	0.9971
自由度修正済決定係数		0.9969
回帰標準誤差	453.624	297.987
観測値数	47	47

注：被説明変数は、使用電力量(百万kWh、2015年)。

練習問題 4.11

都道府県データか国別GDPデータより被説明変数を一つ選び、それを説明するような説明変数を二つ以上選んで、重回帰分析をしてみなさい。係数が何を示しているのかも考察しなさい。

4.5 まとめ

本章では、二つの変数の間の直線関係に着目した記述統計量と回帰分析について説明しました。

- 記述統計量：共分散、相関係数
- 回帰分析：単回帰式、重回帰式

これら二種類の分析方法は、二変数間の分析によく使われます。回帰分析は、経済分析での中心となる方法です。次章以降で、さらに理解を深めていきます。

4.6 演習問題Ⅰ

1. 「都道府県データ2019.xlsx」にあるデータを用いて、次の**いずれかの問い**に答えなさい。
    - 1-1. 「消費支出（二人以上の世帯のうち勤労者世帯）（家計調査結果）（円）（2016）」を説明する回帰分析を行いなさい。説明変数には、「可処分所得（二人以上の世帯のうち勤労者世帯）（家計調査結果）（円）（2016）」を含む3つ以上の変数を選び、それぞれの変数について適切な表とグラフを作成し、1変数と2変数の記述統計量を計算し、回帰分析を行い、分析結果を解釈し、考察しなさい。
    - 1-2. データセットの中で関心のある変数を被説明変数（目的変数）y、別の変数を説明変数xとして回帰分析を行い、分析結果を解釈し、考察しなさい。xには二つ以上の変数を使用する重回帰式を求めるのが望ましい。

2. 国別データ「wb_data_country_2016.xlsx」を用いて、次の**いずれかの問い**に答えなさい。

   2-1. "CONPC: Final consumption expenditure, etc. per capita (constant 2011 US$)" を説明する回帰分析を行いなさい。説明変数には"GDPPC: GDP per capita (constant 2010 US$)" を含む3つ以上の変数を選び、それぞれの変数について、適切な表とグラフを作成し、1変数と2変数の記述統計量を計算し、回帰分析を行い、分析結果を解釈し、考察しなさい。

   2-2. データセットの中で関心のある変数を被説明変数（目的変数）y、別の変数を説明変数 x として回帰分析を行い、分析結果を解釈し、考察しなさい。x には二つ以上の変数を使用する重回帰式を求めるのが望ましい。

CHAPTER

5

推定の考えかた

我々が実際に分析するデータは、多くの場合、知りたいと思う調査対象の一部分です。この一部分のデータを標本と呼んでいます。この標本を用いて、最も関心のある調査対象で母集団を特徴づける値を推測することが、**推定**(estimation)です。本章では、推定の方法について説明します。

5.1 データの種類

推定の方法はデータの種類により異なります。まず、我々が手にするデータの種類を整理します。データには、日常業務を通じて蓄積される**業務統計**(business statistics)と、調査により集められる**調査統計**(survey)があります。業務統計は、日常業務の中で収集されるデータのことであり、商店の場合には、日々の売り上げや仕入れの金額がその例となります。最近では、IT技術の発達により業務統計の蓄積が容易になってきたこともあり、大規模なデータを利用できるようになってきました。このようなデータのことは**ビッグデータ**(big data)と呼ばれます。このデータの分析には、本書の範囲を超える知識と技術を要求されますので、本書では取り上げません[*1]。

*1 ビッグデータについては、照井(2018)を参照ください。

調査統計は、アンケート調査などを通じて収集するデータのことです。調査統計には、全数調査と標本調査の2種類があります。次に、調査統計について説明します。

1 母集団と全数調査

調査の対象となる人・物の集合を**母集団**と呼びます。母集団には、「有限母集団」と「無限母集団」があります。有限母集団とは、規模や構成要素が明らかな集団のことを意味します。たとえば、人口や世帯数を挙げることができます。一方、規模や構成要素が不明な集団を無限母集団と呼びます。この場合の例として、サイコロを無限回投げたときに出る目を挙げることができます。

- 母集団(population)
  調査対象となる人・物の集合母集団の種類
- 有限母集団(finite population)
  規模や構成要素が明らかな集団。母集団に含まれる調査対象数を N で示す
  例：人口や生産物の集合
- 無限母集団(infinite population)
  規模や構成要素が不明な集団
  例：無限回のサイコロで出る目

この母集団のすべてを調査するのが**全数調査**(**悉皆調査**、**センサス**：census)です。かつて納税・徴兵のために行った情報収集に由来しています[*2]。我が国における例としては、「国勢調査」などを挙げることができます。

例 5.1：国勢調査

1920年より、5年に一度、10月1日午前0時を調査時点として実施する調査です。ただし、1945年は中止されています。3か月以上にわたり住んでいる住人を対象としています。国勢調査の調査区は約30世帯から構成され、約90万の調査区があります。

*2　竹内(2018)の3章で紹介されているように、ローマ帝国の住民登録が起源とされています。

例5.2：経済センサス

2009年より開始された経済センサスは、事業所および企業の経済活動の状態を明らかにし、我が国の産業構造を明らかにするとともに、事業所・企業を対象とする各種統計調査の実施のための母集団リストを整備することを目的としています。基礎調査と活動調査の二種類があります。

2 標本と標本調査

調査対象のすべてを調査するには、膨大な時間と費用が必要となります。そのため全数調査は、国勢調査のように限られた調査でしか実施されません。多くの調査では、調査対象である母集団の一部を調査しています。これが**標本調査**（sample survey）であり、実際に調査される母集団の一部を**標本**（sample）と呼びます。我々の実際に分析するデータは、標本と考えてよい場合がほとんどです。

標本（sample）

- 調査のために抽出された母集団の一部のデータ
- 標本に含まれる観測値数を n で表し、**標本サイズ**（sample size）と呼ぶ
- 標本に含まれる変数は $x_i(i=1,\cdots,n)$ や、$\{x_i\}_{i=1}^n$ などで表される

これまで、データの観測値数と呼ばれていた n は、データが標本の場合、標本サイズと呼ぶことにします。

例5.3：健康診断や試験の結果

人の体の状態や能力は、その時々の天候や気分によってさまざまな結果を生み出す可能性があります。これらを計測して得られるであろう結果は無限母集団と考えることができます。実際に得られた健康診断の結果や試験の結果は、限られた状況で偶然得られた標本と考えることができます。

例5.4：国内総生産（Gross Domestic Products：GDP）

国内総生産は、国内の経済活動により生産された付加価値の合計額で、国内の経済状況を調べるための統計として使われています。この統計は、標本調査を含む多くのデータを加工して作成されています。このような統計も、標本と考えられます。

5.2 標本抽出の方法

母集団から抽出される標本は、母集団の特徴を有しているが、観測値数は少ない「小さな母集団」となっていることが望ましいです。そのためには、母集団から、一部の特定の集団ではなく、母集団全体から、偏りなく無作為に抽出する必要があります。そのような抽出方法を、**無作為抽出**（random sampling）と呼びます。この無作為抽出の方法には、いくつかの方法があります。

1 単純無作為抽出

最も基本的な無作為抽出の方法が、**単純無作為抽出法**です。この方法では、母集団のすべての要素から、偏りがないように無作為に抽出します。次のような手順で抽出が行われます。

単純無作為抽出法（simple random sampling）

1)　母集団リストを用意する

2)　母集団リストより、均等の確率で要素を抽出する

例5.5：単純無作為抽出

図5.1の10人からなる母集団を考えます。この中から5人を無作為抽出することを考えます。まず､母集団リストを作成します。この10人の下に番号を振りました。次に、0から9の番号から均等の確率で5人を選びます。この選びかたには、乱数表、乱数さいの使用など、いくつかの方法がありますが、Web付録では、Rを用いた方法を説明します。その結果、**図5.2**のように（1,4,5,7,8）の人が選ばれました。

図5.1　母集団リスト

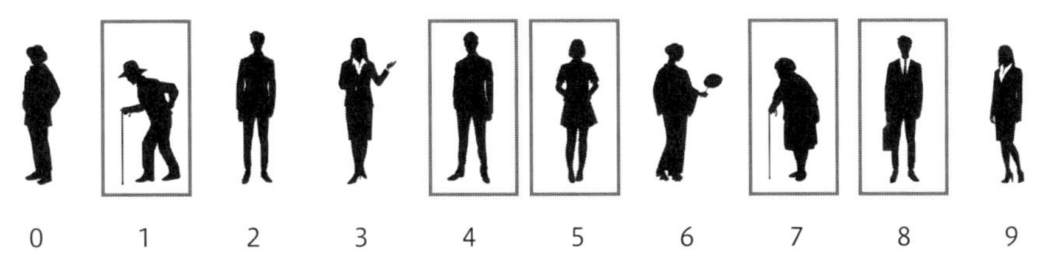

図5.2　無作為抽出された標本

2 系統抽出

単純無作為抽出法では、すべての要素を無作為に抽出する必要がありましたが、「系統抽出法」では、母集団リストを用意した後で一つの標本のみを抽出し、後は一定間隔で標本を抽出していきます。次のような手順で行われます。

系統抽出法（systematic sampling）

1)　$N=$ 母集団の大きさ、$n=$ 標本の大きさとして、抽出間隔 $= N/n$ を求める

2)　1番目の要素のみを無作為抽出する

3)　2番目からは、1番目に抽出された観測値の母集団番号に抽出間隔を加え、得られた観測値を抽出する

※注意：2)では抽出間隔より小さい数を選ぶ必要があります。

例5.6：系統抽出法

図5.1の母集団リストから、3人の標本を抽出します。母集団の大きさは $N=10$、標本の大きさは $n=3$ ですので、抽出間隔は $10/3=3.33$ であり、これより大きな整数である 4 とします。

まず、抽出の始まりとなる標本を無作為抽出します。このとき、抽出間隔より小さい数字が得られるまで無作為抽出をします。その結果、母集団番号1の観測値が得られました。

次に、**図5.3**のように、母集団番号1に抽出間隔4を追加した5番を選びます。さらに抽出間隔を追加した9番を選びます。

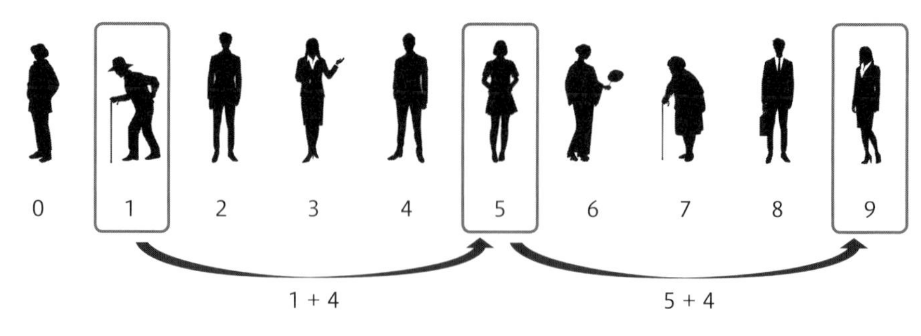

図5.3　母集団からの系統抽出

このような系統抽出の例として、視聴率調査があります[*3]。

3 層別抽出法

母集団は、複数の特徴の異なる層（グループ）からなります。そのため、層を考えずに無作為抽出すると、特定の層のみを多く抽出する危険があります。そこで、層ごとに標本を抽出する方法があります。これを**層別抽出法**（stratified sampling）と呼びます。

例5.7：層別抽出法

図5.1の母集団リストを考えます。このとき**図5.4**のように、標本を抽出する層を年齢ごとに、若年層、壮年層、高齢層に分けて標本抽出する場合が層別抽出法にあたります。このように母集団を層に分けて抽出すれば、特定の層のみから標本が抽出されることを回避できます。

図5.4　層別抽出法

***3**　株式会社ビデオリサーチは、国勢調査の結果を母集団として、対象世帯を系統抽出により選び、視聴率調査を行っています（株式会社ビデオリサーチ「関東地区タイムシフト視聴動向」https://www.videor.co.jp/press/2019/190509.html、閲覧日：2019年11月5日）

総務省が実施する「家計調査」では、「層化3段抽出法」を採用しています。都市規模別に層別化し、県庁所在地や大都市を第1層、中都市を第2層、小都市を第3層として、それぞれより市区町村を標本抽出し、その中から調査対象とする世帯を抽出しています。

5.3 推定の考えかた

無作為抽出された標本を使って、母集団を特徴づける値である平均や分散・標準偏差を求めることを**推定**（estimation）と呼びます。母集団を特徴づける値は重要な値なので、**パラメータ**（**母数**、parameter）と呼ばれます。

推定（estimation）

母集団を特徴づける未知の**パラメータ**（母数、parameter）を標本から推測すること

母集団を特徴づける統計量は「母～」と呼びます。たとえば、母集団の平均は「母平均」、母集団の分散は「母分散」と呼びます。一方、標本を特徴づける統計量は「標本～」と呼びます。たとえば、標本の平均は「標本平均」、標本の分散は「標本分散」と呼びます。これらの統計量は、「標本統計量」とも呼ばれます。母集団と標本の統計量との対応は次のようになります。

母集団統計量	標本統計量
母平均（population mean）：μ	標本平均（sample mean）：$\bar{x}$
母分散（population variance）：σ^2	標本分散（sample variance）：s^2
母標準偏差（population standard deviation）：σ	標本標準偏差（sample standard deviation）：s

標本平均や標本分散は、母集団で対応する母平均や母分散を推定するためにデータから計算される統計量なので、「推定量」とも呼ばれます。推定量は英語では2種類の呼びかたがあります。**推定量**（estimator）は、統計量の理論値（確率変数）、**推定値**（estimate）は、データから計算された統計量の実現値として使われます。

- **推定量（estimator）**
  推定に用いるためにデータから計算される統計量
- **推定値（estimate）**
  推定量に標本を代入して得られる値

1　母平均の推定

ここでは、母集団の平均値である母平均 μ を求めることを考えます。

図5.5 にあるように、まず母集団から大きさ n の標本を無作為抽出します。そこから標本の記述統計量である、標本平均 $\bar{x}$ や標本分散 s^2 を求めます。これらの標本統計量により、母平均 μ を推定します。

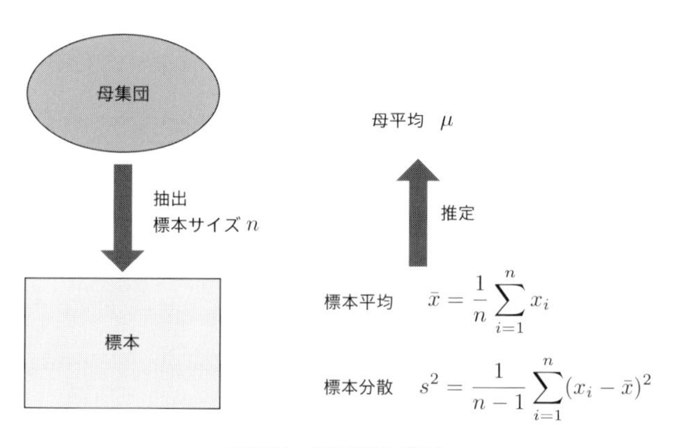

図5.5　母平均の推定

2　母集団と標本の統計量

例5.8：医薬品製造企業の売上高の標本統計量

表5.1 は、我が国の21社の医薬品製造企業の2016年の売上高を示しています。この表を母集団のリストと考えます。**図5.6** は、この母集団を特徴づける統計量とヒストグラムを示しています。この母集団の平均が母平均 μ（ミュー）と呼ばれ、次の値となります。

$$\mu=\frac{1}{N}\sum_{i=1}^{N}x_i=\frac{1}{21}\sum_{i=1}^{21}x_i=\frac{1}{21}\times 19628=934.67\ \text{億円}$$

表 5.1：医薬品製造企業の売上高

母集団番号	売上高：億円
0	2
1	485
2	1546
3	1991
4	294
5	296
6	342
7	3
8	988
9	83
10	1
11	4918
12	849
13	1634
14	602
15	4240
16	1015
17	2
18	333
19	3
20	1

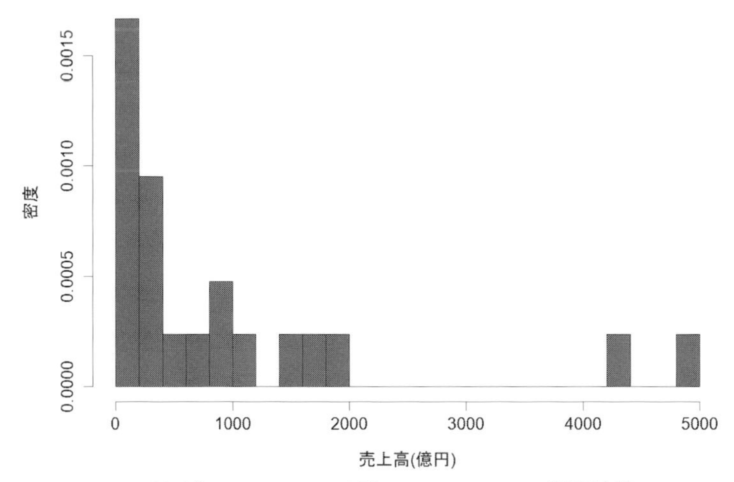

母平均 = 934.67、母分散 = 1,741,736.22、観測値数 $N = 21$

図 5.6　医薬品製造企業の売上高分布

今、これらの母集団リストにある企業から10社を標本として無作為抽出します。このようにして選ばれた標本の一つが**表 5.2**です。この表より標本平均は、次のようになります。

$$\bar{x} = \frac{1}{n}\sum_{i=1}^{n} x_i = \frac{1}{10}\sum_{i=1}^{10} x_i = 1092 \text{ 億円}$$

表 5.2　医薬品製造企業の2016年売上高から抽出した10社の標本

母集団番号	売上高：億円
1	485
3	1991
5	296
7	3
8	988
10	1
11	4918
13	1634
14	602
17	2

この標本平均は、母集団の推定値と考えらます。母平均 μ は935億円だったので、標本平均 $\bar{x}$ は母平均を若干上回っています。また、標本分散は次のようにして得られます。

$$s^2 = \frac{1}{n-1}\sum_{i=1}^{n}(x_i - \bar{x})^2 = \frac{1}{10-1}\sum_{i=1}^{10}(x_i - 1092)^2 = 2284169.33$$

標本分散を計算するときには、以前と同様に、$n-1$ で割ることに注意してください。標本標準偏差は次の値となります。

$$s = \sqrt{s^2} = 1511.35 \text{ 億円}$$

しかし、ここで得られた一つの標本とこの標本を特徴づける標本平均、標本標準偏差は、偶然に得られた値です。改めて、抽出された標本からは、異なる標本平均や標本標準偏差が求められる可能性があります。

5.4 標本平均の標本分布

1 標本平均の標本分布の考えかた

先に述べたような標本抽出と推定を複数回行う場合を考えてみましょう(**図5.7**)。

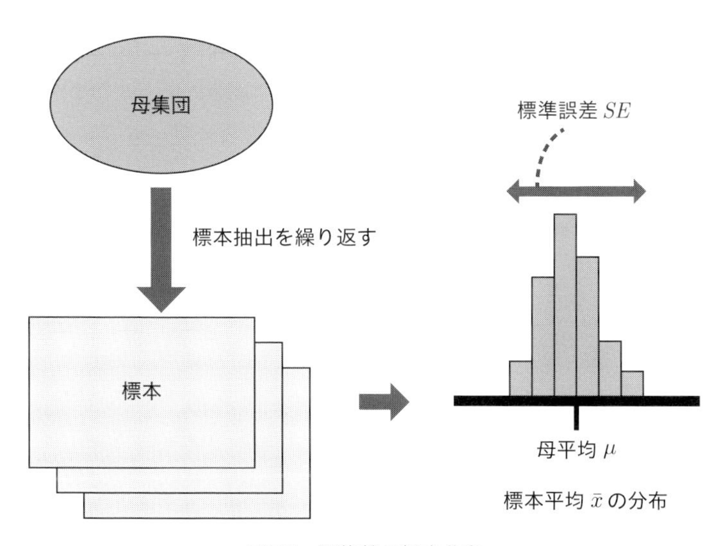

図5.7　平均値の標本分布

母集団から標本を抽出した場合、抽出の度に標本を得ることを想像できます。このようにして抽出された標本に対応して、標本平均が求められるので、標本平均は一つの値ではなく、抽出された標本ごとに標本平均が存在することを想像できます。したがって標本平均には、ばらつきがあることが分かります。このばらつきを標準偏差で示します。そして推定の誤差が大きいほど、標準偏差が大きくなることも予想できます。そこで、ここでの標本平均のような推定量の標準偏差を、推定量の誤差を示すと考えて、**標準誤差**と呼びます。また、このように繰り返して標本抽出を行い、その度に計算して得られた図5.7右のような標本平均の分布を、標本平均の**標本分布**と呼びます。

- **標準誤差**(standard error)：推定量の標準偏差
- **標本分布**(sampling distribution)：標本統計量の分布

2 標本平均の標本分布

実際に、母集団から標本の無作為抽出を行い、標本統計量を計算し、標準誤差や標本分布を求めてみます。表5.1の母集団分布から、大きさ10の標本を400回抽出して、平均売上高の分布を作成したのが**図5.8**です。母集団である図5.6の医薬品製造企業の売上高分布が左側に集中している分布でしたが、図5.8を見ると、標本平均の分布は左右対称に近い分布であることが分かります。これらの作成方法は、Web付録で説明します。

- 標本サイズ $n = 10$
- 400の標本に基づく平均値の分布

統計量	値
平均	932.90
標準偏差	319.69

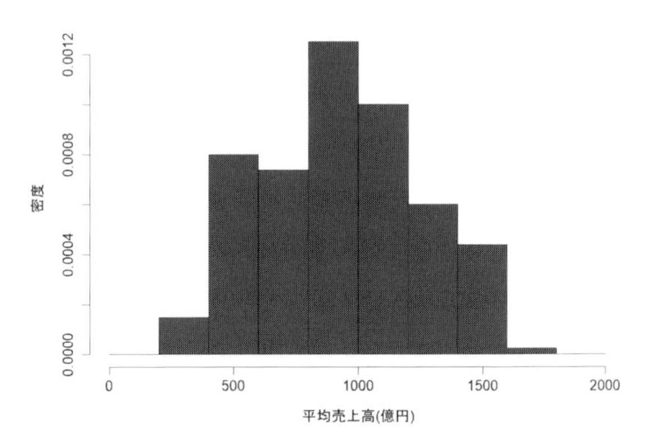

図5.8　平均売上高の標本分布

例5.9：都道府県データによる標本平均の分布

都道府県データを用いて、母集団の分布と、その分布から無作為抽出した標本サイズ20の標本を400個抽出し、これらから計算した標本平均の分布を母集団分布と対比したのが、**図5.9**から**図5.11**です。無作為抽出の際には、同一の都道府県が抽出されないように非復元無作為抽出をしました。

図5.9は、可処分所得の分布です。母集団の分布 (A) が左右非対称な分布であったとしても、標本平均の分布 (B) は左右対称に近づくことが分かります。**図5.10**は年間日照時間の分布です。このように左裾の長い分布 (A) であっても、標本平均の分布は左右対称の釣り鐘型の分布 (B) が見られます。図5.11の年間降水量のように右裾の長い分布 (A) であっても、標本平均の分布は左右対称の釣り鐘型の分布 (B) が見られます。

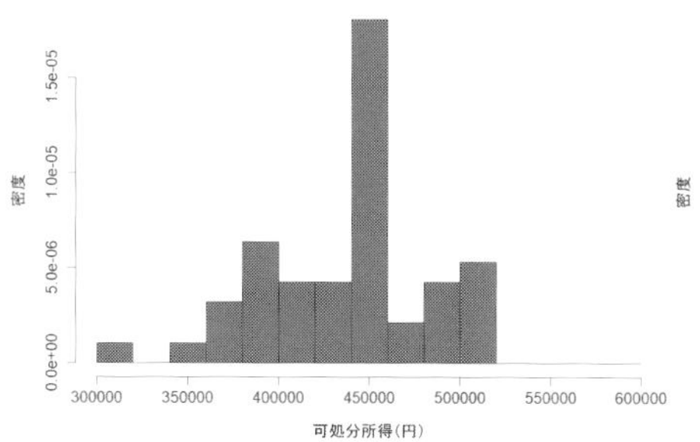

A：母集団 $N = 47$

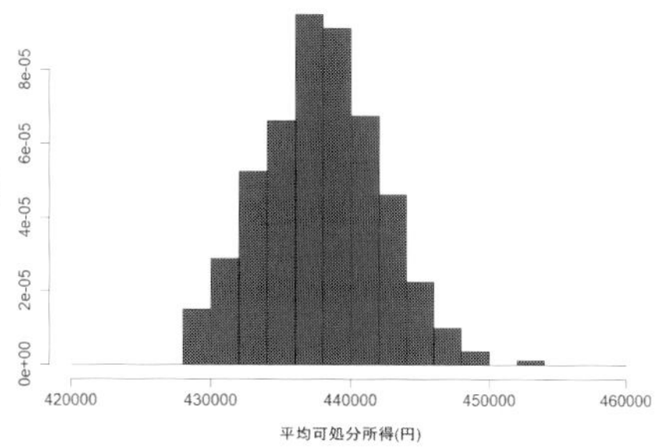

B：標本平均の分布 $n = 20$

図 5.9　可処分所得（二人以上の世帯のうち勤労者世帯）（円）

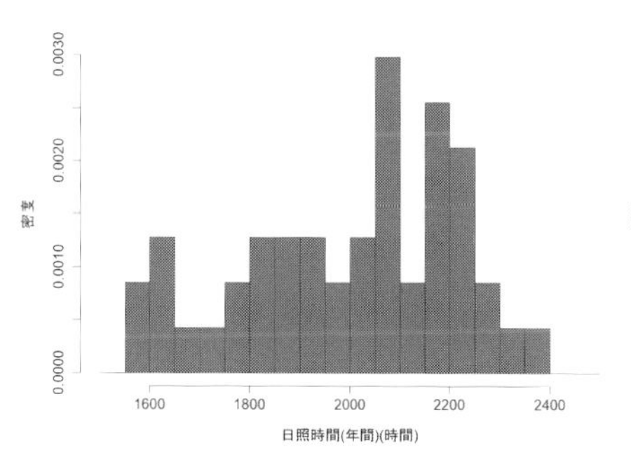

A：母集団 $N = 47$

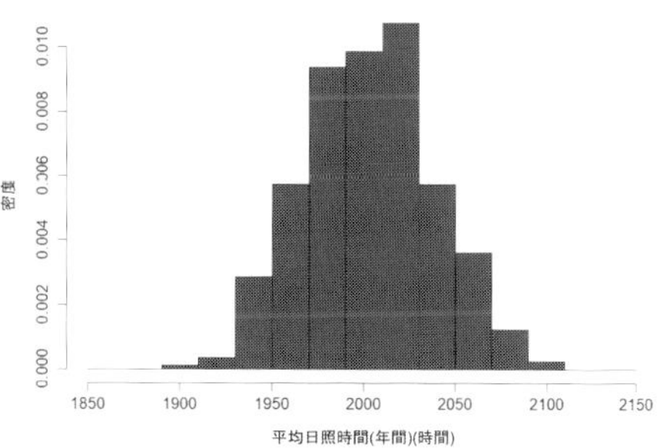

B：標本平均の分布 $n = 20$

図 5.10　年間日照時間（時間）

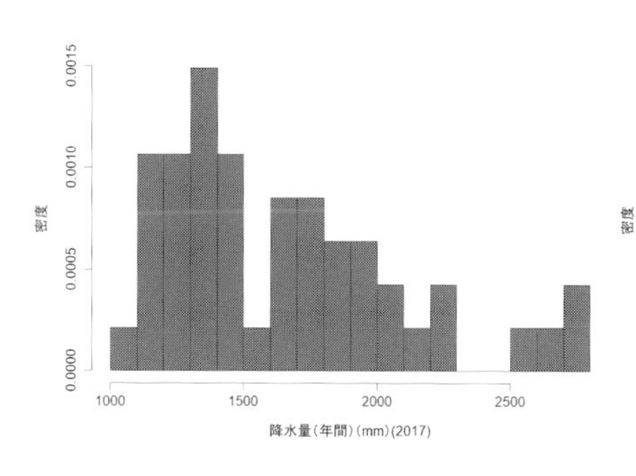

A：母集団 $N = 47$

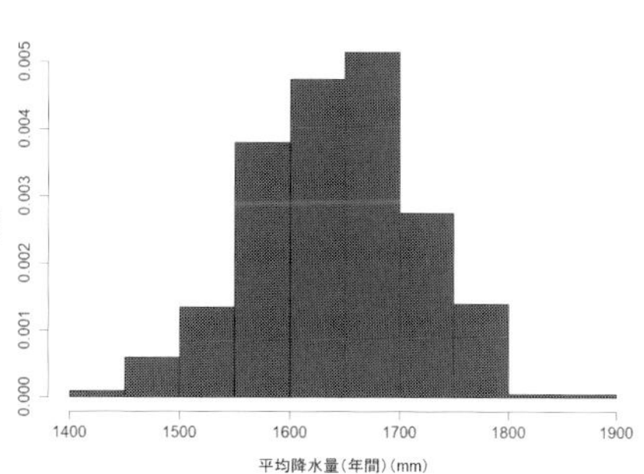

B：標本平均の分布 $n = 20$

図 5.11　年間降水量（mm）

以上の結果より、さまざまな形をした母集団の分布から無作為抽出された標本平均の分布は、左右対称の釣り鐘型の分布に近づくことが示唆されます。**図5.12**は、標本平均の分布を示すヒストグラムの棒の横幅を狭くし、その頂点を曲線で結び描かれた左右対称なベル型のカーブを描いています。このカーブは「正規分布」と呼ばれる確率分布で近似できることが知られています。

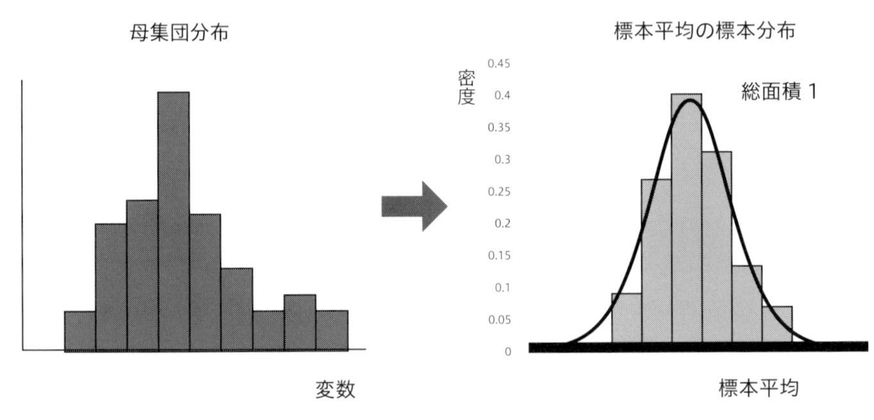

図5.12 母集団分布と標本平均の標本分布

このことから、標本平均は、抽出された標本により、さまざまな値を取り得る確率変数と見ることができます。数学的結果から、標本サイズnが十分に大きいときには、この標本平均の平均は母平均μに等しくなり(**大数の法則**：law of large numbers)、そして標本平均の分散は、標本分散s^2を標本の大きさnで割った値s^2/nで近似できます[*4]。さらに、標本平均の標準誤差は、平方根ルートを取って$s/\sqrt{n}$で近似できます。このとき、標本平均の標本分布は、釣り鐘型の左右対称な正規分布になります(**中心極限定理**：central limit theorem)[*5]。

*4 導出については、Web付録を参照されたい。分散について、母分散が既知の場合と未知の場合とでの使い分けがあります。標本平均の分散は、母分散σ^2が既知の場合には、σ^2をnで割ったσ^2/nです。母分散が未知の場合には、σ^2を標本分散s^2で置換えたs^2/nを標準誤差の推定量とします。ここでは、実際の分析でよく使われる未知の場合を紹介しています。

*5 大数の法則と中心極限定理は、統計学における一大トピックです。これらについて、詳しくは統計学の教科書、たとえば、東京大学教養学部統計学教室編(1991)などを参照ください。

標本平均の標本分布

標本サイズ n が十分に大きいときには、次の結果が成り立つ[*6]。

- 標本平均 $\bar{x}$ の平均は、母平均 μ に等しい
- 標本平均の分散は s^2/n となる
- 標本平均の標準誤差は $s/\sqrt{n}$ となる
- 標本平均の標本分布は正規分布(normal distribution)となる

3 標本平均の標準誤差の計算

これまでの例では、標本平均をいくつも計算し、標本平均のばらつきを図示しました。しかし実際には、標本が一つであっても s^2/n を用いて標本平均の標準誤差を求められます。

例5.10：医薬品製造企業の売上高の標本平均の標準誤差

表5.2は、我が国の医薬品製造企業の2016年度の売上高の一覧である表5.1から抽出した標本でした。例5.8で求めたように、表5.2の標本平均は $\bar{x} = 1092$ 億円であり、標本分散は $s^2 = 2284169.33$、標準偏差は $s = 1511.35$ 億円でした。これらの値を用いて、標本平均の標準誤差を求めます。

標本平均の分散は、標本分散 s^2 を標本サイズ n で割った値で近似できます。

$$\frac{s^2}{n} = \frac{2,284,169.33}{10} = 228,416.93$$

これより、標本平均の標準誤差は次のようになります。

$$SE(\bar{x}) = \sqrt{\frac{s^2}{n}} = \frac{s}{\sqrt{n}} = \sqrt{228,416.93} = 477.93$$

*6 十分な大きさの標本サイズは、後述する仮説検定(有意水準5%の両側検定)との関係からは、少なくとも20以上の標本サイズの場合です。

4 Excelによる演習：標本平均の標準誤差の計算

例5.11：医薬品製造企業平均売上高の標準誤差

例5.10では標準誤差を手計算で計算しましたが、Excelでは分析ツールを用いて求めることができます。**表5.3**は、Excelの分析ツールで計算した表5.2の記述統計量です。この表にある標準誤差は、例5.10で求めた平均の標準誤差 $SE(\bar{x})$ に対応していることに注目しましょう。

また、最頻値は、データ内に同一の値となる観測値が存在せず計算できない(Not Available)ため、#N/Aと表示されています。

表5.3　Excelの分析ツールで求めた標本(表5.2)の基本統計量

売上高：億円	
平均	1092
標準誤差	477.9298
中央値(メジアン)	543.5
最頻値(モード)	#N/A
標準偏差	1511.347
分散	2284169
尖度	4.857346
歪度	2.098516
範囲	4917
最小	1
最大	4918
合計	10920
データの個数	10

5 Rによる演習：アンケート調査からの標本平均の標準誤差の計算

例5.12：平均アルバイト時給の標本分布

Rを起動して、Web付録で説明されているように、ワーキング・ディレクトリを指定した後でデータを読み込みます。データには、学生生活アンケートを用います。student_survey2018_data.csv読み込みます。Web付録でも説明しているように、csvデータをデータフレームに読み込むために`read.csv`関数を使います。次に、head関数や`tail`関数を用いて、データが読み込めているかを確認します。

リスト5.1 学生生活アンケート2018の読み込み

```
01 > setwd("C:\EconDat\5_est")
02 > df_survey <- read.csv("../data/student_survey2018/student_survey2018_
   data.csv", header=TRUE)
03 > head(df_survey)
04 > tail(df_survey)
```

アルバイト時給についての質問「アルバイトの時給はいくらですか？（単位：円）」の回答が、変数名Q45に含まれています。この回答をwageという変数に保存します。Q45はデータフレームdf_surveyの中に含まれているので、「データフレーム名$変数名」としてdf_survey$Q45を割り当て、演算子<-を用いてwageに割り当てます。

リスト5.2 新しい変数名の割り当て

```
01 > wage <- df_survey$Q45
```

アンケート調査のデータを分析する際に注意する点は欠損値です。多くの回答には、欠損値が含まれるのが通常です。そこで、分析からは欠損値を除きたいので、na.omit関数を用いてwageから欠損値を除きます。欠損値を除いた結果を再度、wageに割り当てます。

リスト5.3 欠損値の削除

```
01 > wage <- na.omit(wage)
```

標本サイズは、length関数で変数wageの長さ（行数）を測ることにより分かります。459人のデータが存在します。

リスト5.4 標本サイズの確認

```
01 > n<- length(wage)
02 > n
03 [1] 459
```

wageの平均はmean関数で求めることができます。結果をwage_meanに割り当てます。その結果、約1,074円であることが分かりました。

リスト5.5 mean( ) 関数を用いた平均の計算

```
01 > wage_mean <-mean(wage)
02 > wage_mean
03 [1] 1074.194
```

wageの標準偏差は、sd関数を用いて求めることができます。結果はwage_sdに割り当てます。約273円であることが分かりました。

リスト5.6 sd関数を用いた標準偏差の計算

```
01 > wage_sd <-sd(wage)
02 > wage_sd
03 [1] 272.5486
```

標本平均の標準誤差は、標準偏差wage_sdを $\sqrt{n}$ で割り算して求めます。標本サイズの平方根 $\sqrt{n}$ を求めるためにはsqrt関数を使います。約12.72円であることが分かります。

リスト5.7 平均の標準誤差の計算

```
01 > wage_mean_se <- wage_sd/sqrt(n)
02 > wage_mean_se
03 [1] 12.72148
```

この調査は1回だけの調査ですから、調査結果は一つの標本と考えることができます。ここで計算した平均も一つの値だけです。しかし、標本平均の標本分布は正規分布に従うことに基づくと、これまでに求めた標本平均とその標準誤差から、大学生アルバイト時給の標本平均の標本分布を**図5.13**のように求めることができます。縦軸は確率分布から計算した密度を表示していますから、「確率密度」としています。

リスト5.8 curve関数を用いた平均の標本分布の作成

```
01 > curve(dnorm(x, mean=wage_mean, sd=wage_mean_se), 1000, 1150,
   type="l", add=TRUE, col="red")
```

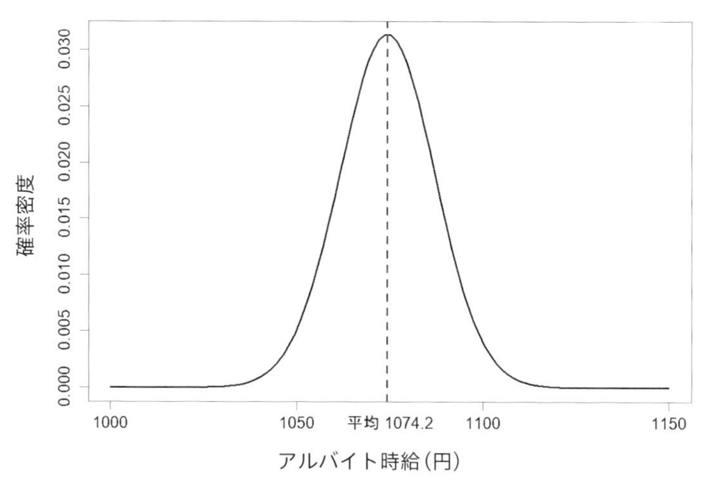

図5.13: 平均アルバイト時給の標本分布

5.5 正規分布

1 正規分布の形状

標本サイズが十分大きい場合、標本平均の標本分布は正規分布になると述べました。この正規分布について説明します。正規分布（normal distribution）は、身長や体重など多くのデータの分布を近似する確率分布として知られています。確率分布は曲線と横軸に囲まれる部分の面積が確率を示していて、全面積が1となります。これは密度のヒストグラムと同様です。

正規分布は、平均と分散により形が決まります。このため、平均と分散は正規分布のパラメータと呼ばれます。変数 X が、平均を μ 、分散を σ^2 の正規分布に従う場合、次のような記号で示されます。

$$X \sim N(\mu, \sigma^2)$$

これは、「X は平均 μ 、分散 σ^2 の正規分布に従う」と読みます。

図5.14は、正規分布の形状を示しています。標準正規分布（standard normal distribution）は、平均0、分散1の正規分布です。平均を2にすると中心の位置が右に移動します。平均が0のままでも、分散が4に増えると横幅が広くなります。こ

の場合であっても全面積が1であるので、背は低くなります。

また、平均μ、分散σ^2の正規分布に従う変数X、標準化をすることにより、標準正規分布に従う変数Zとなります。

$$Z = \frac{X - \mu}{\sigma} \sim N(0,1)$$

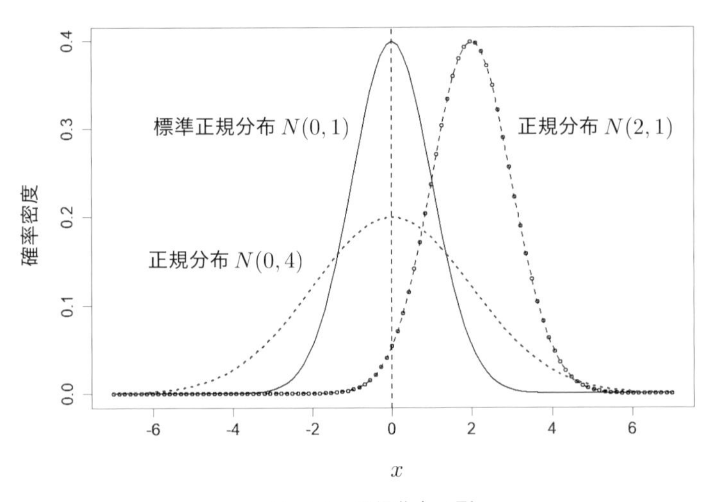

図5.14　正規分布の形

2 標準正規分布表の使いかた

標準正規分布の場合、数表を用いて横軸の値から確率を求めることができます。Zを標準正規分布に従う確率変数とします。**図5.15**は横軸をZ、縦軸を密度とした、標準正規分布を表しています。このとき、図の塗りつぶされた部分の面積は、Zが1以下となる確率であり、確率を示すProbabilityの頭文字Pを取って$P(Z \leq 1)$と表記します。

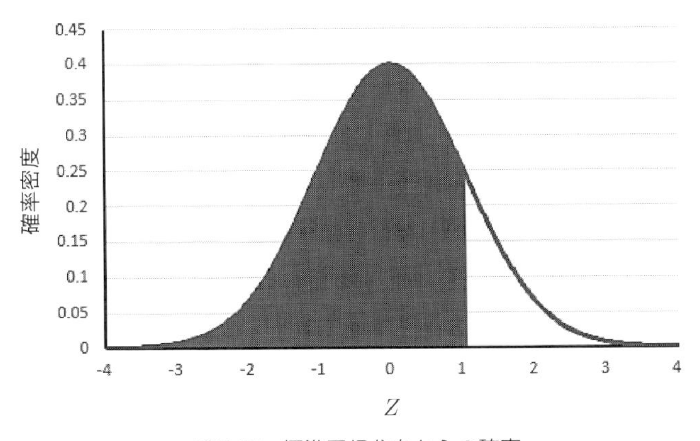

図5.15 標準正規分布からの確率

付録の表A.1は標準正規分布表です。表の列見出しはZの小数点1桁目、表の行見出しはZの小数点2桁目の数字を表しており、該当する行と列を見るとZがその値よりも小さい確率を知ることができます。たとえば、Zが1.00以下の正の値となる確率$P(Z \leq 1.00)$は、表の第3行2列目を参照することで、$P(Z \leq 1.00) = 0.8413$であることが分かります。これは、図5.15の塗りつぶされた部分の面積に等しくなっています。

標準正規分布は0を中心とした分布であり、Zが0よりも小さい確率はちょうど0.5になります。また左右対称な分布であるため、Zが正の値を取る場合の確率が分かれば、分布全体を把握することができます。このため多くの場合、標準正規分布表はZが正の値を取る場合の確率だけが示されています。

例5.13：標準正規分布表の使いかた

標準正規分布表を使って、Zが1.21以下の確率$P(Z \leq 1.21)$を求めます。

表A.1の標準正規分布表より、$P(Z \leq 1.21) = 0.8869$となります。またZが1.21より大きい値を取る確率は、全面積の値が1であることに注意して、

$$P(Z > 1.21) = 1 - P(Z \leq 1.21) = 1 - 0.8869 = 0.1131$$

となります。また、−1.21より小さい確率は、左右対称なので

$$P(Z \leq -1.21) = P(Z > 1.21) = 0.1131$$

となります。

練習問題5.1

Z を標準正規分布に従う確率変数とします。このとき、標準正規分布表から、$P(Z \leq 1.96)$、$P(Z \leq -1.96)$、$P(-1.96 \leq Z \leq 1.96)$ を求めなさい。

確率の値から横軸の値を知ることもできます。よく使われる値が付録の表A.2にまとめられています。たとえば、2.5%の確率を与える横軸の値は−1.96となります。確率97.5%を与える横軸の値は1.96となります。そして−1.96と1.96で囲まれる部分の確率は95%であることも分かります。

練習問題5.2

Z を標準正規分布に従う確率変数とする。このとき、$P(Z \leq c_1) = 0.975$ と、$P((c_2 \leq Z \leq c_3) = 0.95)$ を満たす c_1、c_2、c_3 を標準正規分布表から求めなさい。

5.6 母平均の信頼区間

1 母平均の信頼区間の導出

標準化した変数が標準正規分布に従うという性質を利用して、母平均がある確率で存在する範囲を求めることができます。**図5.16**のように、分布の両裾に確率 $\lambda/2$ を与える横軸の値を、$-z_{\lambda/2}$、$z_{\lambda/2}$ とします。これらの値に Z が挟まれる確率は $1-\lambda$ となります。これを式で書くと次のようになります。

$$P(-z_{\frac{\lambda}{2}} \leq Z \leq z_{\frac{\lambda}{2}}) = 1 - \lambda$$

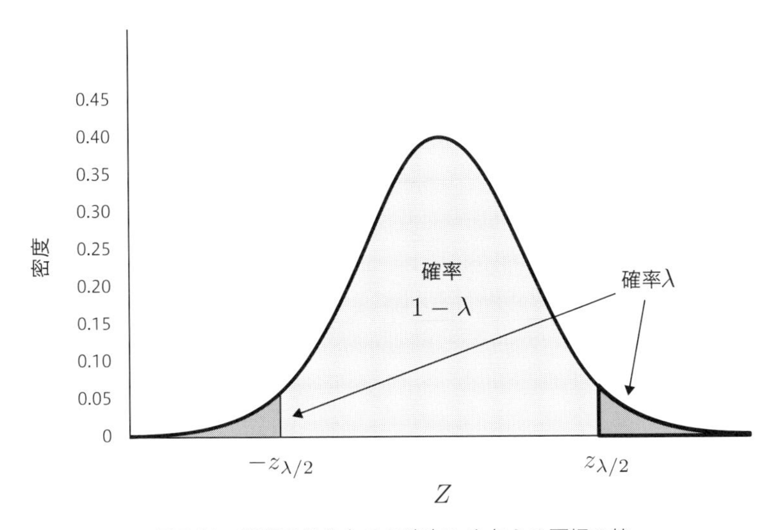

図 5.16　標準正規分布での確率 **λ** を与える両裾の値

Z は正規分布に従う変数 X を標準化 $Z=(X-\mu)/\sigma$ した変数であることを用いると、上式は次のように書けます。

$$P\left(-z_{\frac{\lambda}{2}} \leq \frac{X-\mu}{\sigma} \leq z_{\frac{\lambda}{2}}\right) = 1-\lambda$$

左辺 $P()$ 内の式は、変形すると次のように書けます。

$$-z_{\frac{\lambda}{2}} \leq \frac{X-\mu}{\sigma} \leq z_{\frac{\lambda}{2}}$$

$$-z_{\frac{\lambda}{2}} \times \sigma \leq X-\mu \leq z_{\frac{\lambda}{2}} \times \sigma$$

$$-X-z_{\frac{\lambda}{2}}\sigma \leq -\mu \leq -X+z_{\frac{\lambda}{2}}\sigma$$

$$X-z_{\frac{\lambda}{2}}\sigma \leq \mu \leq X+z_{\frac{\lambda}{2}}\sigma$$

元の式に戻します。

$$P\left(X-z_{\frac{\lambda}{2}}\sigma \leq \mu \leq X+z_{\frac{\lambda}{2}}\sigma\right) = 1-\lambda$$

この式は、母平均 μ が、下限 $X - z_{\lambda/2}\sigma$ と、上限 $X + z_{\lambda/2}\sigma$ の間に挟まれる確率が $1 - \lambda$ であることを示します。この下限と上限の区間 $(X - z_{\lambda/2}\sigma, X + z_{\lambda/2}\sigma)$ のことを、母平均の $100 \times (1 - \lambda)$ % 信頼区間と呼ばれます。

5.3節で述べたように、標本サイズ n が十分に大きいときには、標本平均の平均は母平均 μ に等しく、その分散は標本分散 s^2 を標本サイズ n で割った値 s^2/n で近似できます。このとき、標本平均の標本分布は正規分布になります。これを記号で書くと次のようになります。

標本平均の標本分布(記号)

- 標本サイズ n が十分に大きいとき、標本平均 $\bar{x}$ は次のような正規分布に従う

$$\bar{x} \sim N(\mu, s^2/n) = N(\mu, (\sqrt{s^2/n})^2) = N(\mu, SE(\bar{x})^2)$$

- ここで $SE(\bar{x})$ は標本平均の標準誤差である

$$SE(\bar{x}) = \sqrt{\frac{s^2}{n}}, s^2 = \frac{1}{n-1}\sum_{i=1}^{n}(x_i - \bar{x})^2$$

標本平均 $\bar{x}$ を標準化した値は次のようになります。

$$\frac{\bar{x} - \mu}{SE(\bar{x})} \sim N(0, 1)$$

これを用いると、標本平均の $(1 - \lambda)$ % 信頼区間は、次のように書けます。

$$\bar{x} - z_{\frac{\lambda}{2}} SE(\bar{x}), \bar{x} + z_{\frac{\lambda}{2}} SE(\bar{x})$$

最もよく使われるのが、$\lambda = 0.05$ とする95%信頼区間です。この場合、$(-z_{0.025}, z_{0.025}) = (-1.96, 1.96)$ となります。

$$(\bar{x} - 1.96 \times SE(\bar{x}), \bar{x} + 1.96 \times SE(\bar{x}))$$

ここで、95%とした $100 \times (1 - \lambda)$ % は信頼係数 (confidence coefficient) と呼ばれます。この理由を簡単に述べておきます。母平均 μ が一定の値を取る非確率変数

であるのに対して、平均 $\bar{x}$ は確率変数なので、信頼区間の下限と上限は確率変数として変動します。このような場合、母平均 μ がこの区間に含まれる確率が「95%」と明言できないため、95%を信頼係数と呼び、95%信頼区間と呼ばれるのです。

2 Rによる演習：母平均の信頼区間

例5.14：平均アルバイト時給の95%信頼区間

先の例5.12の続きとして、平均アルバイト時給の95%信頼区間を求めます。

標準正規分布の左側に2.5%の確率を与える横軸の値（図5.16の $-z_{\lambda/2}$）は、qnorm関数を用いて求めることができます。

リスト5.9 qnorm関数を用いた95%信頼区間の下限の計算

```
01  > z_lower <- qnorm(0.025)
02  > z_lower
03  [1] -1.959964
```

同様にして、標準正規分布の右側に97.5%の確率を与える横軸の値（図5.16の $z_{\frac{\lambda}{2}}$）は次のようにして求めます。

リスト5.10 qnorm関数を用いた95%信頼区間の上限の計算

```
01  > z_upper <- qnorm(0.975)
02  > z_upper
03  [1] 1.959964
```

これらと、例5.12で求めた平均アルバイト時給wage_meanと、その標準誤差wage_mean_seを用いて信頼区間の下限wage_mean_lowerと上限wage_mean_upperを求めます。

リスト5.11 95%信頼区間の計算

```
01  > wage_mean_lower <- wage_mean+z_lower*wage_mean_se
02  > wage_mean_upper <- wage_mean+z_upper*wage_mean_se
```

連結関数c(　)を使って[*7]、上限と下限をまとめて出力します。この結果から、信頼係数95%で、大学生のアルバイト時給の母平均は1,049円から1,099円の間に存在することが分かります。

リスト5.12　信頼区間の出力

```
01 > wage_mean_confidence_95 <- c(wage_mean_lower, wage_mean_upper)
02 > wage_mean_confidence_95
03 [1] 1049.260 1099.128
```

5.7 まとめ

本章では、データを業務統計と調査統計に分け、分析対象となることの多い標本を用いた場合での推定の考えかたを説明しました。ここでの内容をまとめると次のようになります。

- 母集団と標本
- 標本平均を用いた母平均の推定、標本平均の標準誤差、標本平均の標本分布
- 正規分布と標準正規分布表の使いかた
- Rでの標本平均、標本分散、標本平均の標準誤差の計算方法
- Rを用いた無作為抽出の実行方法

本章では標本平均に基づいて推定の考え方を説明しましたが、標本平均以外の標本統計量にも応用できます。次章では、推定と並んで重要な概念である、仮説検定について扱います。

***7**　Rの関数c( )は、複数の要素を連結します。concatenateやcombineの頭文字「c」に由来しています。

CHAPTER

6

検定の考えかた

推定を終えた後で、推定された値が、検討したい仮説と整合的かを調べたいことがあります。そのような作業のことを**仮説検定**と呼びます。本章では、この仮説検定の考えかたとRを用いた実行方法について説明します。

6.1 仮説検定の目的

仮説検定(hypothesis testing)とは、「自分に支払われているアルバイト時給は、その地域の大学生の平均アルバイト時給と同等である」というような主張(仮説、hypothesis)が正しいかを客観的に判断するための統計的な手法です。地域の大学生全員からアルバイトの時給を聞き出すことができれば、この仮説が正しいかどうかは簡単に分かります。それではなぜ、このような仮説検定が必要なのでしょうか。

調査対象となる母集団全体から得られたデータを用いて、平均や分散などの統計量を導出した場合、もちろんそれらは母集団分布の平均や分散と一致しています。しかし、すべての調査対象からデータを収集することは、予算や時間の都合上とても困難であることは簡単に想像ができるでしょう。そこで現実では、5章で説明したように、母集団から無作為に得た標本を用いて母集団における平均や分散を推定するという作業を行います(**図6.1**)。たとえば、ある地域の大学生のアルバイト時給の平均を知りたいとしましょう。その地域に住む大学生の数が多い場合、すべての大学牛に対してアンケート調査を行い、彼らのアルバイト時給額を聞き出すことは困難です。そこで、一部の大学生だけを対象にアンケート調査を行い、彼らの時給データの平均値をその地域の大学生の平均時給額の近似値とします。この近似値が母集団平均のよい近似になるための条件は、数学を用いて厳密に示すことができ、研究者の間で広く知られています。このため、母集団のすべての情報を持つ全数調査だけでなく、母集団の一部だけを対象とした標本調査から得た標本を用いた分析が多く行われています。

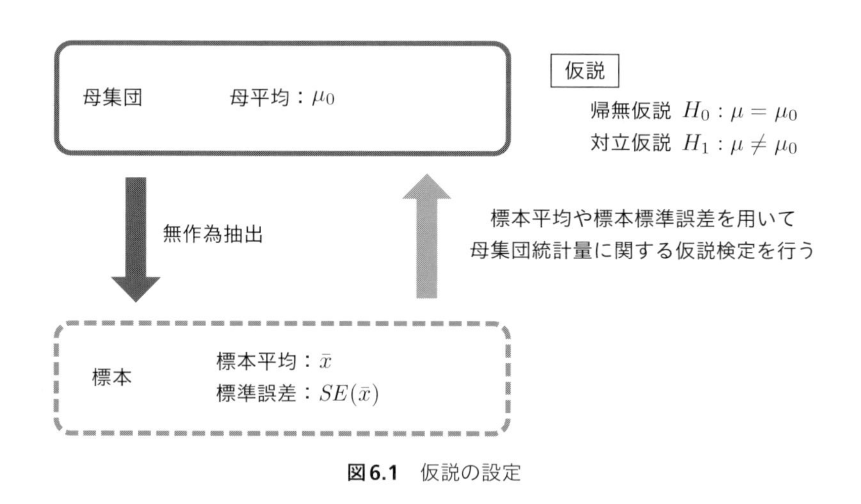

図6.1　仮説の設定

しかし、標本サイズが限られている場合、標本統計量と母集団統計量の値が一致することはまれです。つまり、本当に知りたいのは母集団における統計量の値であるにもかかわらず、母集団全体のデータが入手可能でない限り、それらを厳密に知ることはとても難しいのです。そこで、母集団に関する仮説が正しいかを仮説検定を用いて検証します。このような背景から、統計的仮説検定は、標本から母集団の性質を知るうえで重要な役割を果たすことが分かるでしょう。

例6.1：大学生のアルバイト時給

「学生生活に関するアンケート 2018」は、大学生548人を対象としたアンケート調査から得たデータで、大学生の生活に関するさまざまな変数が含まれています。5章の例5.12より、調査対象となった大学生のアルバイト時給額の標本平均は1,074.19円（標本標準偏差は272.55円）です。また、男女別アルバイト時給平均額はそれぞれ、1,075.86円（標本標準偏差244.84円）と1,072.20円（標本標準偏差302.98円）でした。後に、標本平均を用いて母集団の平均（母平均）の値を検定する方法を紹介します。これを用いると、たとえば、「自分のアルバイト時給は、その地域の大学生のアルバイト時給平均と同等である」という仮説が正しいかどうかを客観的に判断することができます[*1]。

6.2 帰無仮説と対立仮説

大学生のAさんは「自分のアルバイトの時給は、同地区の大学生のアルバイト時給の平均値とは違う」、あるいは、「自分の時給は平均よりも低い」と考えており、アルバイト先のマネージャーMさんにアルバイトの時給を上げてもらおうと企んでいます。これに対してMさんは、「Aさんの時給は平均と同等である」と考えています。

仮説検定を使い、どちらの主張が妥当であるのかを客観的に判断することを考えていきましょう。検定したい仮説は**帰無仮説**と呼びます。仮説検定では、帰無仮説が妥当でないと判断される場合、「帰無仮説を棄却する」と言います。帰無仮説の無（null）は何もない状態としてゼロを意味するので、帰無仮説を記号では H_0 と表します。帰無仮説と対立する仮説は、**対立仮説**と呼ばれます。記号では、ゼロに対して1を使って H_1 として表します。帰無仮説を棄却することを「対立仮説を採択する」と言う場合もあります。しかし、帰無仮説が棄却されない場合には、後述する仮説検定の性質上、「帰無仮説は正しい」とは言わず、「帰無仮説は棄却されない」程度の主張をすることになります。このため、多くの場合主張したい仮説を対立仮説に置きます。

帰無仮説と対立仮説

- **帰無仮説**（null hypothesis、H_0）：検定したい仮説
- **対立仮説**（alternative hypothesiss、H_1）：帰無仮説と対立する仮説（主張したい仮説）

*1 二つの標本平均がある場合に、それらの母平均が等しいかどうかを検定するには、平均値の差の検定を用います。たとえばこれは、「男女のアルバイト平均時給は同等である」というような仮説を検定する方法です。平均値の差の検定については、Web付録を参照してください。

仮説検定の論理

対立仮説 H_1 の正しさを主張するために、対立仮説とは反対の帰無仮説 H_0 の正しさを否定する

例6.2：大学生の平均アルバイト時給の仮説

Aさんは、自分に支払われているアルバイトの時給が、平均的な大学生のアルバイト時給とは異なると主張したいため、帰無仮説として「Aさんのアルバイト時給は平均と同等である」と設定します。一方、対立仮説は「Aさんのアルバイト時給は、平均値とは違う」、あるいは「Aさんのアルバイト時給は平均よりも低い」となります。ここでは、対立仮説として「Aさんのアルバイト時給は、平均値とは違う」を設定します[*2]。

帰無仮説 H_0：Aさんのアルバイト時給は地域の学生の平均と同じである
対立仮説 H_1：H_0 は間違っている（アルバイト時給は平均値とは異なる）

平均的な大学生のアルバイト時給を μ とします。Aさんのアルバイトの時給を μ_0 とします。この場合、上記の二つの仮説は次のように書くことができます。

$$H_0 : \mu = \mu_0$$

$$H_1 : \mu \neq \mu_0$$

Aさんのアルバイト時給が950円ですので、この場合、さらに具体的に仮説を書けます。

$$H_0 : \mu = 950$$

$$H_1 : \mu \neq 950$$

仮説検定では、データを用いて、これらの仮説が妥当であるかを判断します。

*2　対立仮説を「Aさんのアルバイト時給は平均よりも低い」とした場合はWeb付録で扱います。

練習問題6.1

例6.2において、Aさんのアルバイト時給が850円である場合に、帰無仮説と対立仮説を数式で表しなさい。

6.3 検定統計量

Aさんが住む地域の大学生全員を母集団として標本調査を行い、大学生の平均的なアルバイト時給を推定します。平均アルバイト時給の推定値、つまり標本平均を $\bar{x}$ とします。アルバイト時給の標準偏差を s_x とします。5章の結果から、この平均アルバイト時給は一つの標本のみから計算された平均であって、別の標本を抽出すれば別の平均が得られます。このように考えると標本平均は、抽出された標本により値が変わる確率変数と言えます。そして、5.4節の2での標本平均の標本分布としてまとめたように、標本数が十分大きい場合には、標本平均の平均は母平均 μ に等しく、標本平均の分散は標本分散 s^2 を標本サイズ n で割った値 s^2/n で近似できます。さらに、標本平均は、母平均 μ を中心として、分散を s^2/n とした正規分布で近似できます。

6

帰無仮説の下では、母平均は μ_0 となることに注意します。帰無仮説が正しい場合の標本平均の標本分布の特徴を次のようにまとめることができます。

帰無仮説の下での標本平均の標本分布

帰無仮説が正しく、標本サイズ n が十分に大きいときには、次の結果が成り立ちます。

- 標本平均 $\bar{x}$ の平均は μ_0 に等しい
- 標本平均の分散は s^2/n となる
- 標本平均の標本分布は正規分布となる

この結果を検定に用いるために、「標本平均から平均を引き、標準誤差で割る」標準化をします。この場合、標本平均から μ_0 を引き、標本平均の標準誤差 $SE(\bar{x})$ で割ります。この統計量を t 検定統計量と呼びます。

$$t = \frac{\bar{x} - \mu_0}{SE(\bar{x})}$$

　ここで $SE(\bar{x}) = \sqrt{s^2/n} = s/\sqrt{n}$ です。**図6.2**は、帰無仮説の下での、標準化前と後の標本平均の分布を示しています。

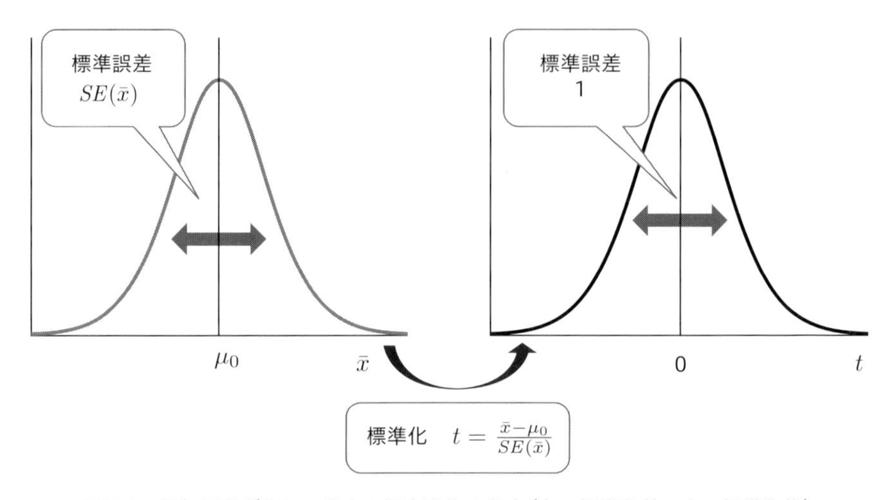

図6.2　帰無仮説が正しい場合の標本平均の分布（左：標準化前、右：標準化後）

　t 検定統計量は、帰無仮説が正しい場合と間違っている場合とで、取り得る値の傾向が異なります。

(i) 帰無仮説 $H_0 : \mu = \mu_0$ が真の場合、標本平均 $\bar{x}$ は μ_0 に近い値を取る傾向があります。このとき、$\bar{x} \approx \mu_0$ より、

$$t = \frac{\bar{x} - \mu_0}{SE(\bar{x})} \approx \frac{0}{SE(\bar{x})} \approx 0$$

となり、t 検定統計量も0に近い値を取ります。帰無仮説が正しく、標本サイズ n が十分に大きいときには、t 検定統計量は平均0分散1の標準正規分布に従います。

(ii) 対立仮説が正しければ、標本平均 $\bar{x}$ は μ_0 とは異なる値を取り、μ_0 よりも大きな値（$\bar{x} > \mu_0$）、あるいは小さな値（$\bar{x} < \mu_0$）を取ります。
標本平均が母平均より大きな場合には、$\bar{x} - \mu_0 > 0$ となります。

$$t = \frac{\bar{x} - \mu_0}{SE(\bar{x})} > 0$$

標本平均が母平均より小さな場合には、$\bar{x} - \mu_0 < 0$となります。

$$t = \frac{\bar{x} - \mu_0}{SE(\bar{x})} < 0$$

標本サイズnが十分に大きければ、分母が小さい値になるため、t検定統計量は絶対値の意味で大きい値を取ることになります。

以上から、帰無仮説が正しい場合（ｉ）にはt検定統計量は0に近い値を取り、帰無仮説が間違っている場合（ii）には、絶対値の意味で大きい値を取ることが分かりました。そこで、t検定統計量の値がある程度大きい場合には、帰無仮説は正しくないと判断することにします。

6

1 Rによる演習：母平均の仮説検定の検定統計量

例6.3：大学生の平均アルバイト時給の仮説検定のための検定統計量

具体的に検定統計量を計算します。例5.12のとおりにRを用いて計算すると、標本サイズが459、標本平均は1,074.194円、標本標準偏差は272.5486円を得ます。このときの標本平均の標準誤差は次のようになります。

$$SE(\bar{x}) = \frac{s}{\sqrt{n}} = \frac{272.5486}{\sqrt{459}} = 12.721$$

これを用いて、t検定統計量の値を次のように計算することができます。

$$t = \frac{\bar{x} - \mu_0}{SE(\bar{x})} = \frac{1074.194 - 950}{12.721} = 9.763$$

Rでは次のように計算します。例5.12と同様にwage_meanは標本平均、wage_mean_sdは標本平均の標準誤差を示します。

リスト6.1　t検定統計量の計算

```
01 > wage_mean_t <- (wage_mean-950)/wage_mean_se
02 > wage_mean_t
```

```
03 [1] 9.762536
```

6.4 臨界値の設定

計算された検定統計量の値が、0に近いのか、0から離れているのかを、多くの人が納得してもらえるように判断するためには、客観的な基準を用いる必要があります。統計的仮説検定では、帰無仮説が正しいときに検定統計量が従う分布（標準正規分布）からこの判断基準を設定します。

1 仮説検定での2種類の誤り

仮説検定は、帰無仮説の採否を意思決定する際に、客観的な判断材料となります。しかし、手元にある限られた標本を用いて、母集団における統計量の性質が妥当であるかを判断するため、仮説検定の結果から必ず正しい意思決定ができるとは限りません。具体的には、仮説検定の結果には、第1種の過誤と第2種の過誤と呼ばれる、2種類の誤りが起こり得ます。

表6.1は、真の仮説（真実）と採択される仮説との組み合わせを示しています。4種類の組み合わせがあることが分かります。

1. 真実が帰無仮説 H_0 であるときに、帰無仮説 H_0 を棄却しなかった場合
2. 真実が対立仮説 H_1 であるときに、対立仮説 H_1 を採択する場合

これらの場合には、正しい意思決定を行うことができており、何の誤りもありません。しかし、真実と採択する仮説が異なっている場合には、誤りが生じます。

3. 真実は帰無仮説 H_0 であるにもかかわらず、対立仮説 H_1 を採択する場合

この場合の誤りを**第1種の過誤**と呼びます。

4. 真実は対立仮説 H_1 であるにもかかわらず、帰無仮説 H_0 を採択する場合

この場合の誤りを**第2種の過誤**と呼びます。

表6.1：仮説検定における真実と採択仮説に関する4つのパターン

		真実	
		H_0	H_1
採択仮説	H_0	○	II
	H_1	I	○

第1種の過誤と第2種の過誤

- **第1種の過誤**（type one error）とは、帰無仮説 H_0 が正しいにもかかわらずに、帰無仮説を棄却し、対立仮説 H_1 を採択する誤り
- **第2種の過誤**（type two error）とは、対立仮説 H_1 が正しいのだが、対立仮説を棄却し、帰無仮説 H_0 を採択する誤り

例6.4：大学生の平均アルバイト時給の仮説検定に関する2種類の過誤

例6.2では、二つの過誤は次のようになります。

- 第1種の過誤：Aさんのアルバイト時給が地域の学生の平均と同等であるにもかかわらず、平均とは異なると判断してしまう過ち
- 第2種の過誤：Aさんのアルバイト時給は平均とは異なるにもかかわらず、平均と同等であると判断してしまう過ち

Aさんは、アルバイトの時給が平均とは異なる、あるいは、平均よりも低いと主張するため、帰無仮説を「H_0：Aさんのアルバイト時給は地域の学生の平均と同等である」とした仮説検定を行い、客観的な判断材料を示すことで賃上げ交渉を有利に進めようと企んでいます。このとき、自分の主張が誤って採択される「第1種の過誤が生じやすい」場合、恣意的に自分の主張を強調しているようになり、自分の主張が妥当であるという客観的な判断材料にはなりません。このため、第1種の過誤が生じる確率を小さくすることが望ましい設定となります。

この「第1種の過誤を犯す確率」を**有意水準**と呼び、この有意水準には小さな値を設定します。

有意水準（significant level）

- 有意水準は、第1種の過誤を犯す確率

有意水準を λ で表しましょう。第1種の過誤はしたくないので、この有意水準には小さな確率を設定します。よく使われるのが次の3とおりです。

- 10%（0.1）
- 5%（0.05）
- 1%（0.01）

2 臨界値の設定

帰無仮説が正しいとき、t 検定統計量は標準正規分布で近似できることを思い出してください。標準正規分布の中心は0であり、標準正規分布に従う変数の実現値の起こりやすさは、0から離れるに従って低くなります。そこで、絶対値の意味で t 検定統計量の値が、有意水準をもとに定めた値よりも大きければ、帰無仮説が間違っていると判断します。有意水準をもとに決める値を**臨界値**（**境界値**、critical value）と呼びます。

図6.3の横軸は、t 検定統計量の値であり、縦軸はその値の起こりやすさを示しています。0に近い値は H_0 を支持し、0から離れている値ほど H_1 を支持します。しかし、たとえ0から離れた値であっても、常に H_1 を支持するわけではありません。H_0 が正しいにもかかわらず、H_1 を採択する第1種の過誤を犯す可能性があります。この確率が λ となるように、分布の両裾に $\lambda/2$ ずつ確率を取ります。横軸と曲線に囲まれる部分の面積が確率に該当するため、図6.3の塗りつぶされた部分がこの確率を表します。このときの横軸の値 $-t_{\lambda/2}$ と $t_{\lambda/2}$ が臨界値であり、これらを超えた範囲を**棄却域**（rejection region）と呼びます。t 検定統計量の値が棄却域に入った場合、H_0 を棄却して H_1 を採択します。これにより、第1種の過誤確率を λ %に抑えることができます。このように、帰無仮説が正しいときの検定統計量の分布の両側に棄却域を設ける仮説検定を**両側検定**（two-sided test）と呼びます[*3]。

*3　検定統計量の分布の片側に棄却域を設ける仮説検定は、「片側検定（one-sided test）」と呼ばれます。片側検定についてはWeb付録で扱います。

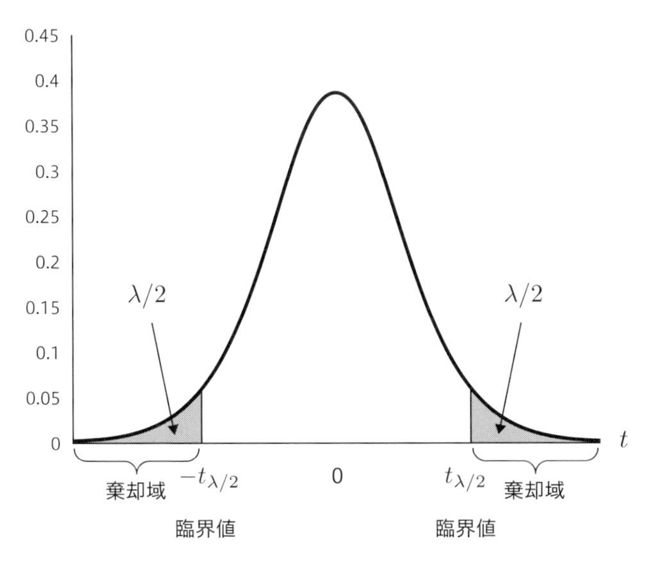

図6.3　有意水準 λ の場合の臨界値・棄却域の設定

標本サイズ n が十分に大きければ、t 検定統計量の分布は標準正規分布でうまく近似することができます。標準正規分布の分布表から、有意水準を5% (0.05) とした場合の臨界値は約2であることが分かります。このとき、棄却域は、(-∞, -2)と(2, ∞) になります（**図6.4**）。

- $t > 2$ か $t < -2$：H_0 を棄却し、H_1 を採択する
- $-2 \leq t \leq 2$：H_0 を棄却しない

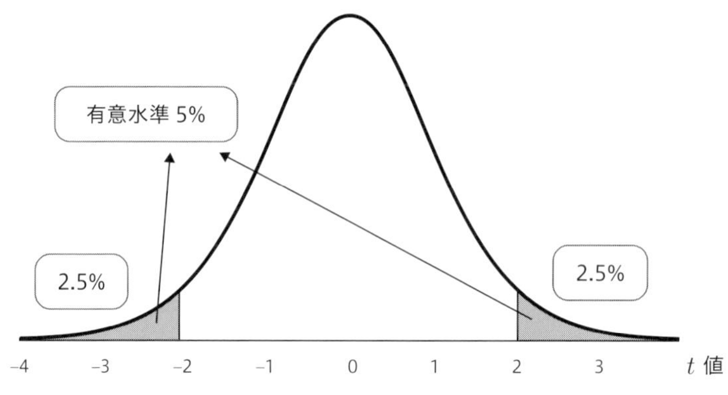

図6.4 標本の大きさが十分大きく、有意水準が5%の場合の臨界値は約2

絶対値記号

絶対値記号$|\cdot|$は、内側が非負の値になるようにします。$|a|$の場合、aがゼロより大きいか0であればaとし、aが0より小さければ$-a$とします。たとえば、$|t|>2$はtが非負ならば符号は変わらず、$|t|=t>2$になります。一方、tが負の場合には、$|t|=-t>2$となります。絶対値を用いると、区間を簡潔に表すことができます。有意水準5%の両側検定の場合には、仮説の採否は以下のように表せます。

- $|t|>2: H_0$を棄却し、H_1を採択する
- $|t|\leq 2: H_0$を棄却しない

3 棄却域と信頼区間との関係

標本サイズが十分に大きいとき、帰無仮説の下で検定統計量が棄却域内の値を取る確率と有意水準λの間には、おおよそ、以下のような関係が成り立ちます。

$$P\left(|t|>t_{\frac{\lambda}{2}}\right)=\lambda$$

任意の実数cについて$P(|t|>c)=1-P(|t|\leq c)$が成立するため、検定統計量が棄却域に属さない値を取る確率は以下のように表すことができます。

$$P\left(|t|\leq t_{\frac{\lambda}{2}}\right)=1-P\left(|t|>t_{\frac{\lambda}{2}}\right)=1-\lambda$$

帰無仮説の下で、この関係式は以下のように展開できます。

$$P\left(|t| \leq t_{\frac{\lambda}{2}}\right) = P\left(-t_{\frac{\lambda}{2}} \leq t \leq t_{\frac{\lambda}{2}}\right) = P\left(-t_{\frac{\lambda}{2}} \leq \frac{\bar{x} - \mu_0}{SE(\bar{x})} \leq t_{\frac{\lambda}{2}}\right) = 1 - \lambda$$

確率を評価する範囲が変わらないように変形をすれば、以下の等式を得ます。

$$P\left(\bar{x} - t_{\frac{\lambda}{2}} SE(\bar{x}) \leq \mu_0 \leq \bar{x} + t_{\frac{\lambda}{2}} SE(\bar{x})\right) = 1 - \lambda$$

この等式は、帰無仮説の下で、μ_0 の $1 - \lambda$ 信頼区間が

$$\left[\bar{x} - t_{\frac{\lambda}{2}} SE(\bar{x}), \bar{x} + t_{\frac{\lambda}{2}} SE(\bar{x})\right]$$

であることを示しています。以上の議論から、検定統計量が棄却域に属さないことと、μ_0 が信頼区間に入ることは同じことであることが分かりました。

例6.5　有意水準5%の場合の棄却域と信頼区間

有意水準を5%に設定して考えてみましょう。有意水準を5%とした場合の臨界値は約2です。ことのき、帰無仮説の下で、検定統計量が棄却域に属さないこと（$|t| \leq 2$）と、μ_0 が信頼区間 $[\bar{x} - 2 \times SE(\bar{x}), \bar{x} + 2 \times SE(\bar{x})]$ に属することは同じことを示しており、その確率はともに95%です。よって、μ_0 が95%信頼区間の内側にあるときには、帰無仮説を棄却しないという結果を得ます。一方で、μ_0 が95%信頼区間に含まれない場合には、帰無仮説を棄却すると結論づけることができます。

例6.7や、Web付録内の「t.test関数を用いた大学生アルバイト時給の男女差の仮説検定」の例では、Rの`t.test`関数を用いた検定の例を紹介します。Rの`t.test`関数の検定結果は、信頼区間で表示されます。本節の内容を理解しておくことで、`t.test`関数を用いた検定結果を適切に解釈することができます。

6.5 仮説検定の結論の述べかた

前節では、有意水準、つまり第1種の過誤が起こる確率は、研究者が恣意的に設定することを説明しました。この背景には、第1種の過誤を（小さく）コントロールしつつ、第2種の過誤が起こる確率をできるだけ小さくしようという考えがありま

す。帰無仮説の下で標準正規分布に従う検定統計量の例でも見たように、仮説検定では、検定統計量の推定値の絶対値が大きければ帰無仮説は棄却されます。検定統計量が、対立仮説の下で大きな値を取るように設計されている背景には、標本サイズが十分大きい場合に第2種の過誤の確率は0に近くなるようにしようという意図があります。

帰無仮説を採択する場合と、棄却する場合とで結論の述べかたが異なるため注意が必要です。

（ｉ）H_0 を棄却する（H_1 を採択する）場合

仮説検定では、帰無仮説が正しいとした場合の検定統計量の振る舞いから仮説の採択を判断します。検定統計量の振る舞いが、帰無仮説が正しい場合の振る舞いと異なる場合には、帰無仮説は間違っていると判断することは妥当です。このため、「H_0 を棄却する」ことを、「H_1 を採択する」とも言います。また、より厳密には、「有意水準100 × λ %で」のように、有意水準を明示的に示す場合もあります。ただし、帰無仮説を棄却した際に、「帰無仮説が誤りで、対立仮説が正しい」と断言することは必ずしもできないことに注意してください。第1種の過誤確率は、あらかじめ有意水準として小さい値に設定していますが、その確率は0ではありません。

（ⅱ）H_0 を棄却しない場合

仮説検定では、検定統計量の振る舞いが、帰無仮説が正しい場合の振る舞いと異なる場合に帰無仮説を棄却することを主な目的としています。検定統計量が、帰無仮説が正しい場合の振る舞いに相反さないからと言って、帰無仮説が正しいとは限りません。このため、「H_0 を採択する」とは言わず、「H_0 を棄却しない」と言います。より厳密には「有意水準100 × λ %では、帰無仮説を棄却しない」と言います。

例6.6：大学生の平均アルバイト時給の仮説検定の棄却域

検定統計量が棄却域にある場合には、帰無仮説を棄却します。例6.3で求めた検定統計量の絶対値は、$|t| = 9.763 > 2$ であるため、有意水準5%で、学生アルバイト時給の平均が、Aさんの時給と同じ950円であるという帰無仮説は棄却されます。

6.6 母平均値の両側検定の手順

以上をまとめると、検定の手続きは以下のようになります。

検定の手続き

1. 帰無仮説、対立仮説を設定する
2. 検定統計量を計算する
3. 有意水準を決め、帰無仮説の下で検定統計量が従う分布から臨界値・棄却域を設定する
4. 検定統計量が棄却域にあるかどうかを判断して、結論を述べる

1 Rによる演習：母平均の両側検定

例6.7：t.test関数を用いた大学生の平均アルバイト時給の両側検定

t.test関数を使って平均値の検定を実行します。wageを学生アルバイト時給の変数とします。

Rの関数：母平均の両側検定

t.test(変数, mu=母平均の値, alternative="two.sided", conf.level=0.95)

関数を示す( )内の値を**引数**(argument)と呼びます。t.test関数の引数muには、帰無仮説で設定した母平均の値を指定します。また、二つ目の引数alternative="two.sided"は、棄却域を分布の両側に設定することを指定しています。two.sidedはデフォルトでの設定になっているため、指定しなくても同じ結果を得ます。conf.levelは信頼区間の信頼係数を示しています。有意水準を5%とする場合は、95%信頼区間と同じ場合なので、0.95と書きます。conf.level=0.95はデフォルトの設定になっているので、この場合でも、書かずとも同じ結果を得ます。

以下では、例6.2で示したように、帰無仮説で設定した母平均を950円と設定します。

リスト6.2 t.test関数を用いた平均値の検定(有意水準5%)

```
01  > t.test(wage, mu=950, alternative="two.sided")
02
03      One Sample t-test
```

```
04
05  data:  wage
06  t = 9.7625, df = 458, p-value < 2.2e-16
07  alternative hypothesis: true mean is not equal to 950
08  95 percent confidence interval:
09  1049.194 1099.194
10  sample estimates:
11  mean of x
12  1074.194
```

結果の見かたについて説明します。`t = 9.7625`が、例6.3でも求めた検定統計量の値です。`df = 458`は、後述するように、臨界値をt分布から求めるために必要な自由度が458であることを示しています。

例5.14で求めた95%信頼区間[1049.260, 1099.128]は、帰無仮説が正しいときに100回中95回は、母平均がこの区間に含まれることを示します。ここでは、95%信頼区間が`95 percent confidence interval`に、[1049.19, 1099.19]として示されています。例5.14の[1049.260, 1099.128]と比べて、小数点以下の桁が異なっています。これは、例5.14が正規分布から求めた臨界値を用いたのに対して、Rでは後に述べるようにt分布からの臨界値を用いて計算されているためです。これら信頼区間は、有意水準を5%としたときに、この区間の外側が棄却域となることを意味しています。つまり、帰無仮説の$\mu_0 = 950$が棄却域にあれば帰無仮説を棄却し、95%信頼区間内にあれば帰無仮説を棄却しないと判断します。帰無仮説を棄却するかしないかは、p値(p-value)を使うとより簡単に判断できます。p値に関しては、6.7節の2「p値を用いた仮説検定」を参照してください。

結論としては、仮説として設定した950円は信頼区間の外にありますし、検定統計量は十分に大きく、帰無仮説を棄却します。この結果、有意水準5%で大学生の平均アルバイト時給は950円ではないと言えます。検定統計量が正なので、大学生の平均アルバイト時給は950円よりも高いことが示唆されます。

`t.test`関数のデフォルト設定では、有意水準は5%に設定されています。1%に変更するには、`conf.level=0.99`とします。有意水準10%の検定結果を得るには、`conf.level=0.90`とします。有意水準を1%とした場合の結果を下記に示します。図6.3の分布の両裾の確率が0.01となるので、信頼区間が広くなります。

リスト6.3　t.test関数を用いた平均値の検定（有意水準1%）

```
01 > t.test(wage, mu=950, alternative="two.sided", conf.level=0.99)
02 
03 	One Sample t-test
04 
05 data:  wage
06 t = 9.7625, df = 458, p-value < 2.2e-16
07 alternative hypothesis: true mean is not equal to 950
08 99 percent confidence interval:
09 1041.288 1107.099
10 sample estimates:
11 mean of x
12 1074.194
```

6.7　t 分布を用いた臨界値の求めかた

これまでは、計算された t 検定統計量で符号を無視した値（つまり、絶対値 $|t|$）が、2よりも大きいかどうかを検定の判断基準としました。これは、標本サイズが十分に大きく、有意水準を5%としたときの t 検定を簡略化したものです。もう少し詳しく見てみましょう。

1　t 分布と標準正規分布の関係

確率変数tは t 分布に従い、その密度関数は $f(\cdot)$ で表されるとします。t 分布は正規分布によく似た分布で、0を中心とした左右対称の分布です。しかし正規分布とは異なり、t 分布は自由度によってその形が異なりますが、自由度が大きくなるにつれて正規分布に近くことが知られています。**図6.5**は、標準正規分布と自由度3と自由度9の t 分布の密度関数を図示しています。自由度3の t 分布の高さが最も低く、自由度が増すにつれて標準正規分布に近づいていきます。また、曲線と横軸に囲まれた部分の面積が1となるので、t 分布は背が高くなるにつれて横幅が細くなっていきます。

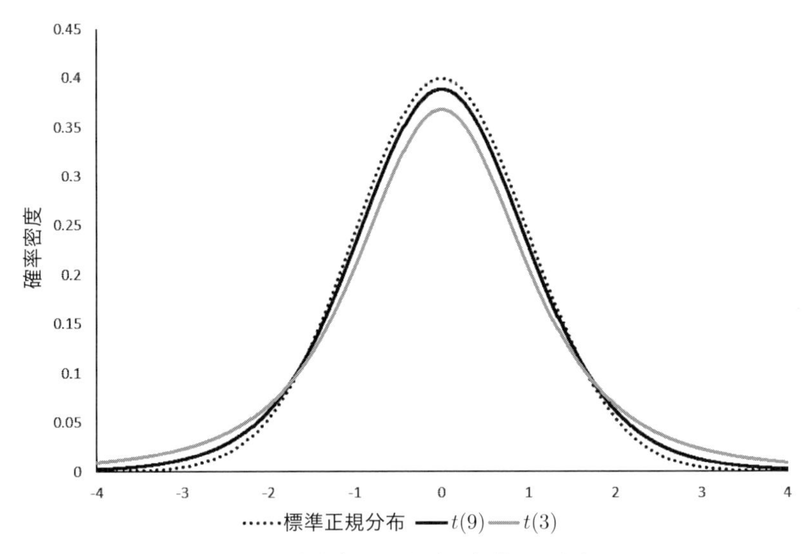

図6.5　自由度9のt分布と標準正規分布

t分布表は、両側検定をする場合にt検定が臨界値とする値を表します（付録の表A.3）。t分布の形は自由度によって異なるため、t分布表の表側には自由度が示されています。また、表頭には主要な有意水準が示されています。たとえば、自由度5、有意水準5%のとき、t分布表からt検定（両側）の臨界値は$t = 2.571$であることが分かります。これは、$P(|t| \leq 2.571) = P(-2.571 \leq t \leq 2.571) = 0.95$、つまり、自由度5の$t$分布において、$t$が-2.571と2.571で囲まれる範囲の確率が0.95であることを示しています。

自由度が無限大∞のt分布は標準正規分布と一致することを付録の表A.1と表A.3から確認しましょう。表A.3から自由度が無限大∞で有意水準が5%（0.05）のとき、t検定（両側）の臨界値は1.96であることが読み取れます。一方で、標準正規分布に従う確率変数zが1.96以下になる確率は、表A.1より、0.975となります。zが-1.96以下の値を取る確率は表にはありませんが、正規分布表は左右対称なので、$P(z \leq -1.96) = P(z > 1.96) = 1 - P(z \leq 1.96)$ より$1 - 0.975 = 0.025$ と、求めることができます。つまり、zが絶対値の意味で1.96以下になる確率は$0.975 - 0.025 = 0.95$となります。よって、有意水準5%であるときに標準正規分布に従う検定（両側）の臨界値は1.96であり、t検定（両側）の臨界値と一致することが確かめられました。

検定の対象としている変数xが正規分布に従うとき、t 検定統計量は t 分布に従うことが知られています。また、x が正規分布に従うかどうかに関係なく、標本サイズが十分に大きい場合には、t 検定統計量は標準正規分布に従います。よって、標本サイズが小さいとき、x が正規分布に従うことがもっともらしい場合には t 分布から臨界値と棄却域を求めることができます。この観点からRの`t.test`関数は、t 分布からの臨界値を用いた計算結果を出力しています。

2　p 値を用いた仮説検定

p 値（**有意確率**、probability value）は、検定結果による意思決定を迅速に行う際に有用な統計量です。帰無仮説の下で、検定統計量が t 分布に従うとしましょう。このとき p 値は、「t 分布に従う確率変数が、検定統計量の絶対値より大きい値を取る確率」を表します。統計解析ソフトウェアを使って検定を行う際には、自動的に p 値が算出されることが多いため、この概念を知っておくと便利です。たとえば、自由度19の t 分布で、有意水準5%の両側検定をすることを考えましょう。t 分布表より臨界値は2.093となります。このときの検定の棄却域を図に示すと**図6.6**のようになります。

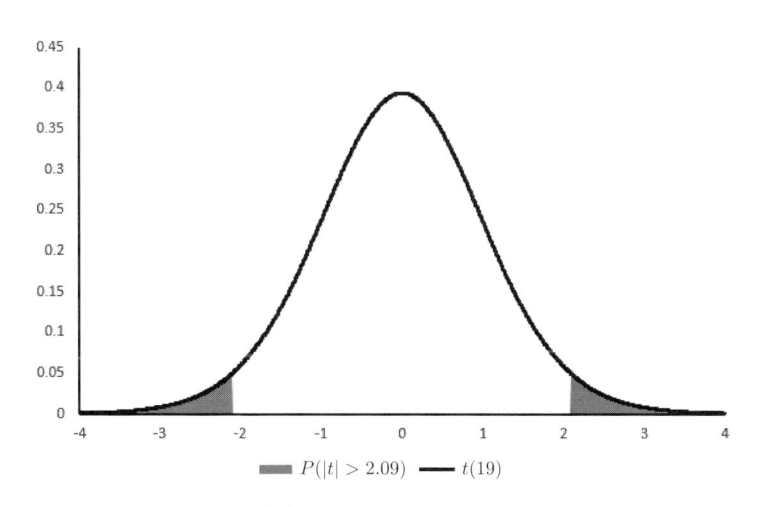

図6.6　有意水準5%、両側 t 検定の棄却域

今、データから算出された t 検定統計量の値が仮に2.5であった場合を考えます。両側検定の場合、$|t| > 2.5$ となる確率が p 値です（片側検定を考えている場合には、$t > 2.5$ となる確率が p 値になります）。この確率は t 分布表（表A.3）から読み取ることはできませんが、$p(|t| > 2.5) = 0.02$ となります。

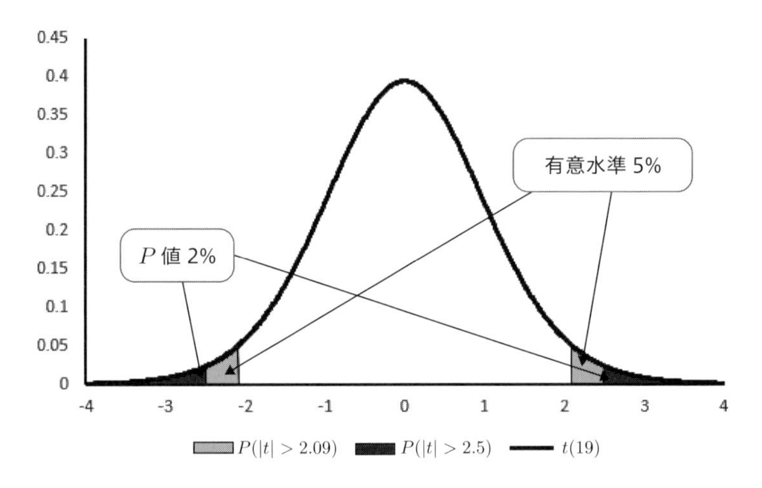

図6.7　有意水準5%、t 両側検定の棄却域と $t = 2.5$ の p 値

図6.7はこのときの p 値を図示しています。p 値は2%であり、t 検定統計量の値が有意水準5%の棄却域内にあることが示されています。この図から直感的に分かるように、p 値が有意水準よりも小さい値を取るということは、t 検定統計量の値が棄却域内にあることを示します。逆に、p 値が有意水準より大きい値を取る場合には、t 検定統計量の値が臨界点よりも小さく、棄却域の外にあります。このため、p 値が有意水準よりも大きいか小さいかで帰無仮説を棄却するかを判断することができます。

p 値の見かた

- p 値<有意水準⇒ t 値>臨界点：帰無仮説 H_0 を棄却し、対立仮説 H_1 を採択
- p 値≥有意水準⇒ t 値≤臨界点：帰無仮説 H_0 を棄却しない

たとえば、p 値が2%のときを考えます。この場合、有意水準5%では帰無仮説を棄却し、仮に有意水準を1%と設定していた場合には帰無仮説を棄却しないと判断します[*4]。

3 Rによる演習：t 分布に基づく臨界値と p 値に基づく仮説検定

t 統計量は、自由度 $n-1$ の t 分布に従います。この自由度は、分散の計算に実質的に必要な観測値の数を示す、分散の自由度の $n-1$ に由来します（分散の計算は3.2節の2を参照）[*5]。

例6.8：大学生の平均アルバイト時給の両側検定の t 分布の臨界値

Rでは、t 分布の臨界値をqt(確率, 自由度)関数を用いて求めることができます。有意水準を5%とした場合の臨界値を求めてみます。自由度dfは458です。

Rを用いた計算結果から、分布の右側の臨界値は-1.965、左側の臨界値は1.965であることが分かるため、棄却域は(-∞, -1.965]と[1.965, ∞)となります。計算された t 検定統計量の値は、例6.7で求めたように9.7625だったので、帰無仮説を棄却します。

リスト6.4　qt関数を用いた有意水準5%の両側検定の場合の臨界値の計算

```
01 > df = wage_n -1
02 > df
03 [1] 458
04 > t_lower <- qt(0.025,df)   下側の臨界値
05 > t_lower
06 [1] -1.965157
07 > t_upper <- qt(0.975,df)   上側の臨界値
08 > t_upper
09 [1] 1.965157
```

---

*4　統計的仮説検定での p 値の使用の注意点については、Wasserstein and Lazar (2016) を参照ください。

*5　t 統計量が自由度 $n-1$ の t 分布に従うことの説明は、統計学の教科書を参照ください。稲葉 (2013, pp.100-103) では丁寧な説明がされています。

p 値は例6.7で「`t = 9.7625, df = 458, p-value < 2.2e-16`=2.2×10^{-16}」と計算されていました。これは、t 分布に従う確率変数の絶対値が、9.7625よりも大きな値をとり得る確率です（図6.7）。この p 値は、0.05（有意水準5%）よりも小さいため帰無仮説を棄却します。

6.8 まとめ

本章では、推定された値に基づく仮説検定の方法を説明しました。標本平均を用いて母平均の仮説を検定する場合を例として、次の概念を説明しました。

- 帰無仮説と対立仮説
- 臨界値と棄却域
- 仮説検定での2種類の過誤
- t 分布と t 分布表の利用法
- Rでの仮説検定のやりかた

ここで紹介した検定方法は母平均の仮説検定以外にも利用できます。次章では、これまでの推定と検定の知識を基礎にして、回帰分析での推定と検定の方法を説明します。

CHAPTER

7

回帰分析での推定と検定

本章では、前章の平均値の推定と検定の考えかたを踏まえて、4章でも取り上げた、回帰分析での推定・検定の考えかた、Rでの実行方法と分析結果の見かたを説明します。母集団と標本での回帰式の区別をしたうえで、標本として観測されるデータから母集団での回帰式を推定します。次に、母集団での回帰式についての仮説を、推定結果を用いて検討する検定の方法について説明します。回帰分析は最もよく使われる分析方法の一つです。本章の内容を理解し、実際に分析ができるようになると、データ分析の幅を一気に広げることができます。

7.1 母集団回帰式と標本回帰式

国民全体での所得と消費の関係を知るため、全国民（N 人とする）の所得 x_i と消費 y_i の関係として次のような回帰式を想定します。

$$y_i = \alpha + \beta x_i + \epsilon_i \quad (i = 1, \cdots, N) \tag{7.1}$$

ただし、ϵ_i は回帰式で説明されない部分、つまり、x_i 以外で y_i を説明する変数すべてを含む**誤差項**(error term)を表しています。この式は、調査対象全体(母集団)である全国民を対象とした回帰式であるので、**母集団回帰式**(population regression)と呼ばれます。母集団回帰式におけるパラメータ α と β は母集団における所得と消費の関係を表します。

母集団回帰式(population regression)

母集団で想定される回帰式

全国民のデータが手に入れば、最小二乗法を用いて誤差の二乗和を最小にするような α と β を導出することができます。しかし、実際に全国民の所得と消費のデータを収集するには膨大な費用と時間が必要です。このため、母集団の一部を無作為に抽出する標本調査を行います。n 人を対象とした標本調査の結果、n 人分の所得と消費のデータが得られたとし、これらをそれぞれ x_i と y_i ($i = 1, \cdots, n$)で表します。下付きの添え字「i」は、それが i 番目の標本であることを示します。所得と消費の関係を標本から推定し、母集団回帰式を標本に置き換えて表した式を**標本回帰式**(sample regression)と呼びます。

$$y_i = a + bx_i + e_i$$

ただし、4章で示したように、e_i は標本回帰式における**残差**(residuals)を表します。

標本回帰式(sample regression)

標本を用いて求められた回帰式

標本が無作為に選ばれており、標本サイズが十分であるとき、最小2乗法により選ばれた(推定された)標本回帰式の a と b は、母集団回帰式の α と β をうまく近似することが知られています。**図7.1**はこのプロセスを図示しています。このように、母集団回帰式の α と β を推定するために最小二乗法によりデータから求められた統計量は、α と β の**最小二乗推定量**(ordinary least squares estimator)と呼ばれます。

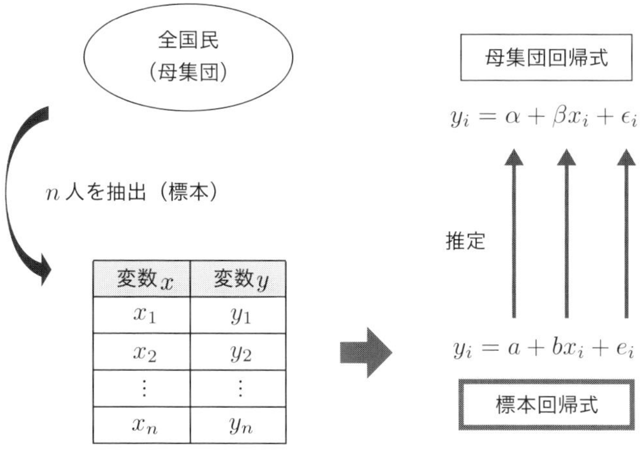

全国民
(母集団)

n 人を抽出（標本）

変数 x	変数 y
x_1	y_1
x_2	y_2
$\vdots$	$\vdots$
x_n	y_n

母集団回帰式

$$y_i = \alpha + \beta x_i + \epsilon_i$$

推定

$$y_i = a + bx_i + e_i$$

標本回帰式

図7.1 回帰分析における推定の考えかた

回帰式は回帰モデルと呼ばれることがあります。回帰分析での回帰式は、変数 x と変数 y の間にある関係を簡単なモデル（模型、model）で近似したものになっています。ですから、回帰式は**回帰モデル**（regression model）と呼ばれるのです。

7.2 回帰分析での推定

1 回帰分析での推定の考えかた

仮に標本抽出と標本回帰式の推定を何回も行った場合を考えてみましょう。このとき、得られる標本は抽出ごとに異なるため、α と β の最小二乗法による推定値 a と b は抽出された標本に依存して変動することが容易に想像できます。たとえば母集団から n 人の標本を M 回抽出することを考えると、M 個の推定値 a_m と b_m（$m = 1, \cdots, M$）を得ます。**図7.2**で示されているように、横軸に b_m を取り、縦軸にその密度（2.2節の1）を取ると、ヒストグラムを描くことができます。

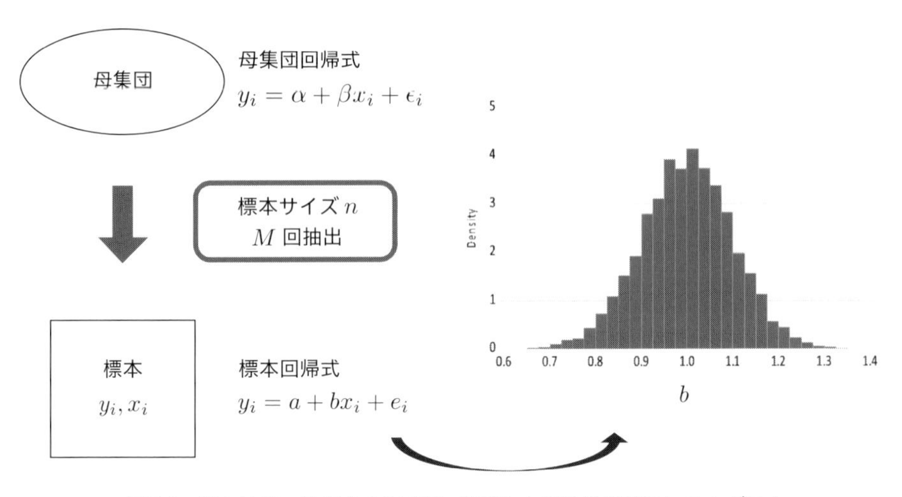

図 7.2　標本抽出・推定を M 回行い作成した係数推定値のヒストグラム

推定値は抽出された標本によりばらつきがあるため、推定結果を解釈するには、このばらつきを考慮する必要があります。実際にデータ分析をする際には、標本抽出・推定を繰り返し行う必要はありません。図7.2のヒストグラムに表されているように、標本サイズが十分に大きければ、回帰係数の標本分布は正規分布でうまく近似することができます。この性質を用いることで、一つの無作為標本から回帰係数推定値のばらつきや分布を推測することができます。

回帰係数は、平均的には母集団回帰式の値に等しくなります。回帰係数のばらつきを示す標準偏差は、母集団回帰式の係数の推定の誤差を示しますから、**回帰係数の標準誤差**（standard error of regression coefficient）と呼ばれます。回帰係数の標本分布は、図7.2右側にあるような正規分布となります。回帰係数の標本分布の結果をまとめると次のようになります。

回帰係数の標本分布の性質

標本サイズが十分に大きい場合には、次の関係が成立します。

- 標本回帰係数は平均的には、母集団回帰係数に等しくなる

$$E(a) = \alpha, \qquad E(b) = \beta$$

- 標本回帰係数の標準誤差は次のように求められる[*1]。

$$SE(a) = s_e\sqrt{\frac{1}{n} + \frac{\bar{x}^2}{\sum_{i=1}^{n}(x_i - \bar{x})^2}}, \quad SE(b) = \frac{s_e}{\sqrt{\sum_{i=1}^{n}(x_i - \bar{x})^2}}$$

- 標本回帰係数の標本分布は正規分布（normal distribution）となる

ここで s_e は残差標準誤差を示しています。

$$s_e^2 - \sqrt{\frac{1}{n-2}\sum_{i=1}^{n} e_i^2}$$

これらの結果は難しく見えるかもしれませんが、回帰分析を実行できるソフトウェアで簡単に計算することができます。

2 Rによる演習：単回帰分析

Rでは、単回帰分析を、線型モデル（linear model）を意味する`lm`関数で実行できます。被説明変数を y、説明変数を x で示すと、y を x で説明する回帰分析は次のようにして実行できます。

Rの関数

- 単回帰分析：lm(y～x, データフレーム名)
- 分析結果：summary(回帰分析の結果が保存されたオブジェクト)

指定しない限り、切片は自動的に追加されます[*2]。

---

*1 誤差項の分散が共変量に依存しないことを仮定しています。これは、均一分散と呼ばれる仮定です。

*2 「$y \sim x - 1$」と書くと、切片のない回帰式を推定します。

例7.1：消費の単回帰モデル

都道府県別のデータを用いて、所得と消費の単回帰モデル

$$consumption_i = \alpha + \beta income_i + \epsilon_i$$

を最小二乗法で推定します。ただし、$consumption$ と $income$ はそれぞれ、二人以上世帯のうち勤労者世帯の消費支出と可処分所得で、元のデータの単位は円です。標本は各都道府県の平均値であり、標本サイズは $n = 47$ です。

都道府県データは、pref_dat_2019.csvに保存されています。これをRに読み込みdf_prefというデータフレームとして保存します。データが読み込めたことをhead関数で確認します。

リスト7.1　都道府県データの読み込み

```
01  > df_pref <- read.csv("../data/prefdat/pref_dat_2019.csv", header=TRUE)
02  > head(df_pref)
```

incomeとconsumptionはいずれも円で測られていますから、読みやすくするために、次のようにして単位を万円に変更します。データフレームに含まれる変数名の内容を変更するときには、「データフレーム$変数名」で指定します*3。

リスト7.2　単位の変更

```
01  > df_pref$consumption <- df_pref$consumption/10000
02  > df_pref$income <- df_pref$income/10000
```

次に、回帰分析を行います。以下の例では、lm関数を用いて単回帰分析を行い、その結果をresultsに格納しています。次に、resultsをsummary関数に適用し、分析結果の要約を得ています。

*3 「データフレーム["変数名"]」でも指定できます。

リスト7.3 lm関数を用いた単回帰分析

```
01 > results <- lm(consumption~ income, df_pref)
02 > summary(results)
03
04 Call:
05 lm(formula = consumption ~ income, data = df_pref)
06
07 Residuals:
08     Min      1Q  Median      3Q     Max
09 -4.1041 -1.1351 -0.3416  1.0079  5.2309
10
11 Coefficients:
12             Estimate  Std. Error    t value     Pr(>|t|)
13 (Intercept) 12.48981     2.62516      4.758     2.05e-05 ***
14 income       0.42853     0.05962      7.188     5.37e-09 ***
15 ---
16 Signif. codes:  0 '***' 0.001 '**' 0.01 '*' 0.05 '.' 0.1 ' ' 1
17
18 Residual standard error: 1.88 on 45 degrees of freedom
19 Multiple R-squared:  0.5345,   Adjusted R-squared:  0.5241
20 F-statistic: 51.66 on 1 and 45 DF,  p-value: 5.372e-09
```

summary関数から得られた結果のうち、係数推定値を表すのが、Coefficients以下の部分です。Coefficientsの下には、(Intercept)とincomeの二つの行からなる表があります。(Intercept)は切片に関する結果、incomeは、説明変数incomeの係数に関する結果を示しています。1列目のEstimateは係数推定値です。つまり、推定値は、$a = 12.4898$、$b = 0.4285$であることが読み取れます。3列目のStd.Errorは標準誤差の結果を示しています。aとbの標準誤差をそれぞれ$SE(a)$と$SE(b)$で表すと、これらは、$SE(a) = 2.62516$、$SE(b) = 0.05962$であることが分かります。これを式に当てはめると

$$\widehat{consumption}_i = \underset{(2.625)}{12.4898} + \underset{(0.0596)}{0.4285} \;\; income_i$$

となります。( )内の数値は、標準誤差を示します。この結果から、所得が1万円増えると、消費がおおよそ0.43万円増える傾向にあることが分かりました。

この回帰直線を図示してみましょう。データをplot(x, y)でプロットし、abline関数で推定されたモデルを図示します。

リスト7.4　単回帰式の図示

```
01  > plot(df_pref$income,df_pref$consumption,xlab="可処分所得 (10,000円)",
02  +       ylab="消費支出(10,000 yen)", col = "blue", pch = 21, bg = "blue")
03  > abline(results, col="red", lwd=1.5)
```

plot関数内のxlab、ylabではx軸とy軸のラベルを指定しています。pchはRのグラフィックパラメータと呼ばれ、Rのhelpで「pch」を検索すると、その種類を調べることができます。pch = 21で、観測値の組を塗りつぶされた丸で示すことを指定し、col = "blue"でプロットされる点の枠線の色を青に指定し、続いてbg = "blue"で青で塗りつぶす指示をしています(実際に実行して確かめてください)。その結果、**図7.3**が表示されます。

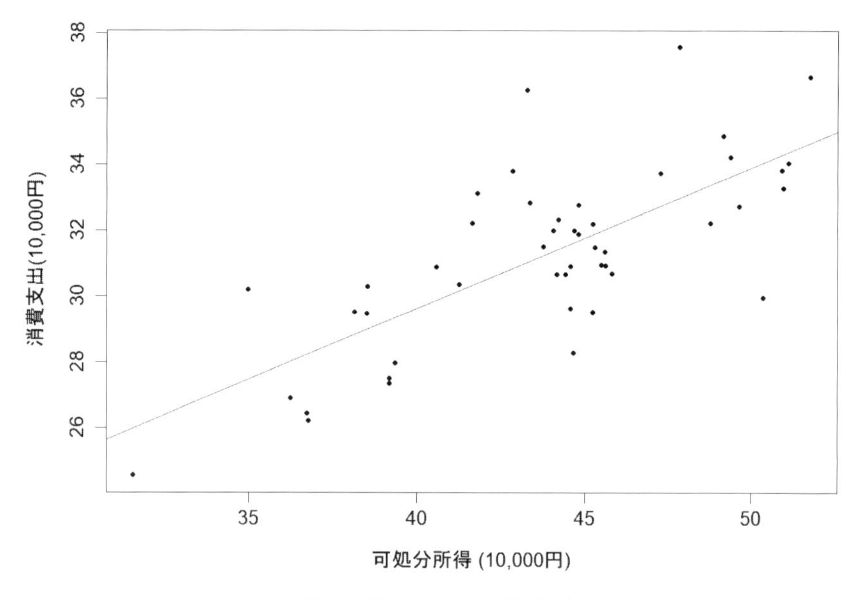

図7.3　消費と所得の回帰直線

次節は、係数推定値の隣に並んでいる数値の意味を考えます。

練習問題 7.1

ある県の平均所得が40万円であったとします。この県の平均消費をモデルから予測しなさい。

練習問題 7.2

都道府県データより、x と y のデータを選び、Rにより単回帰モデルを推定し、推定した回帰直線を図で表しなさい。

7.3 回帰分析での仮説検定

1 仮説検定の手順

回帰分析において、母集団における係数パラメータの値が、ある特定の値であるかを両側検定することを考えます[*4]。回帰式での係数についての仮説検定の手順は、母平均の検定の手順と同様です。

1) 仮説の設定

検定したい帰無仮説と対立仮説を以下のように設定します。

$$\begin{cases} \text{帰無仮説 } H_0 : \beta = \beta_0 \\ \text{対立仮説 } H_1 : \beta \neq \beta_0 \end{cases} \tag{7.2}$$

ただし、β_0 は分析者が設定する特定の値です。

*4　片側検定については、Web付録を参照してください。

例7.2：給与と勤続年数の単回帰モデル：仮説

会社員の給与 y_i（単位：万円）と勤続年数 x_i（単位：年）の関係を調べるために、62人を調査し、回帰式 $y_i = \alpha + \beta x_i + \epsilon_i$ を推定し、次の結果を得ました。

$$\hat{y}_i = \underset{(1.4)}{3.0} + \underset{(0.1)}{1.2}\, x_i$$

$$R^2 = 0.6, \qquad n = 62$$

ただし、( ) 内の数字は標準誤差です。勤続年数の係数は1.2と推定されました。この結果から直ちに、「勤続年数が長くなると給与が高くなる傾向がある」と結論づけてしまうのは安直です。係数推定値にはばらつきがあるため、実際には勤続年数と給与には大した相関はないかもしれません。そこで、勤続年数の係数が統計的に有意にゼロと異なるかを検定します。このときの帰無仮説と対立仮説は次のようになります。

$$\begin{cases} H_0 : \beta = 0 \\ H_1 : \beta \neq 0 \end{cases}$$

2) 検定統計量の計算

回帰モデルの係数パラメータの検定には、6章と同様に、t 検定を適用します。t 検定は、最小二乗推定量に標準化という操作を加えた統計量が、標準正規分布で近似できることをうまく利用した検定統計量です。実際に、帰無仮説の下で β の最小二乗推定量である b を標準化した統計量が t 検定統計量です。

$$t_b = \frac{b - \beta_0}{SE(b)} \tag{7.3}$$

この t 検定統計量 t_b は、標本の大きさの増大とともに標準正規分布に近づいていくことが知られています。

実際に推定値や帰無仮説を当てはめて得た t 検定計量の値は ***t* 値**（t-statistic/t-value）と呼ばれます。t 検定統計量の理解を深めるために、t 値が（ i ）帰無仮説が正しい場合、（ ii ）対立仮説が正しい場合で、どのような値を取るかを考察してみましょう。

(ｉ)帰無仮説が正しい場合

実際に帰無仮説が正しい場合には、β_0 の推定値である b は、β_0 に近くなっていることが期待できます。よって、(7.3) 式の分子は0に近い値となり、t_b 値自体が0に近い値を取ることになります。数式で表すと、$b - \beta_0 \approx 0$ より

$$t_b = \frac{b - \beta_0}{SE(b)} \approx 0$$

となることが期待できます。

(ii)対立仮説が正しい場合

対立仮説が正しく、$\beta \neq \beta_0$ である場合には、β の推定値である b は、β_0 とは離れた値となっていることが期待できます。つまり、このとき (7.3) 式の分子は $b - \beta_0 \neq 0$ となり、t 値も0ではない値を取ります。つまり

$$t_b = \frac{b - \beta_0}{SE(b)} \neq 0$$

となります。

よって、t 値が0に近ければ帰無仮説が正しい、0と大きく異なれば帰無仮説は正しくないと判断します。棄却するか採択するかは、有意水準とそれに基づいた臨界値から客観的に判断します。つまり、臨界値よりも t 値が大きければ帰無仮説を棄却、そうでなければ採択します。

例7.3：給与と勤続年数の単回帰モデル：回帰係数の検定統計量

先ほどの例の場合、β についての仮説を検定するための t 値は次のようになります。

$$t_b = \frac{b - \beta_0}{SE(b)} = \frac{b}{SE(b)} = \frac{1.2}{0.1} = 12$$

3) 臨界値と棄却域の設定

帰無仮説が正しいのか、対立仮説が正しいのかの判断の基準となるのが臨界値 (critical value) です。この臨界値は、有意水準と呼ばれる確率をもとに設定します。そしてこの有意水準には、10% (0.1)、5% (0.05)、1% (0.01) が使われます。

この場合、両側検定なので、**図7.4**のように t 検定統計量の分布（密度関数）の両端 $100 \times \lambda$ %に該当する範囲を棄却域とし、棄却域の境界に該当する値を臨界値とします。

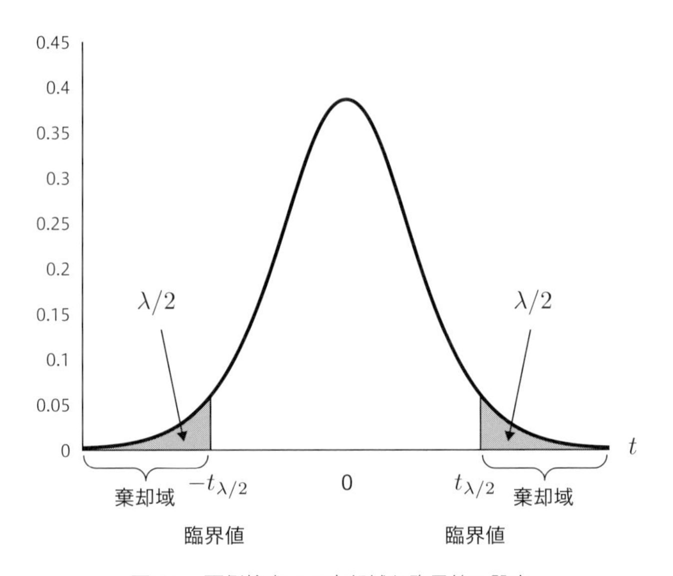

図7.4　両側検定での棄却域と臨界値の設定

（i）もし、t_b が臨界値の間の区間 $[-t_{\lambda/2}, t_{\lambda/2}]$ に含まれる場合、帰無仮説を棄却しません[*5]。

$$|t_b| \leq t_{\lambda/2} \Rightarrow H_0 \text{ を棄却しない}$$

（ii）もし、t_b が臨界点 $t_{\lambda/2}$ よりも大きい場合、または t_b が臨界点 $-t_{\lambda/2}$ よりも小さい場合には、対立仮説を採択します。

$$|t_b| > t_{\lambda/2} \Rightarrow H_0 \text{ を棄却}$$

回帰係数の標本分布の性質より、標本サイズが十分に大きいとき、t_b は標準正規分布に従うため、臨界値は約2とすることができます。これより、おおよその棄却域は $t_b > 2$ あるいは $t_b < -2$ となります。

***5**　絶対値については、6.4節の2を参照してください。

例7.4：給与と勤続年数の単回帰モデル：仮説検定の結果

有意水準が5%の場合の両側検定の臨界値は約2.0です。臨界値と、計算されたt値を比較して、次のように結論づけます。

- $|t_b| \leq 2.0$ ならば H_0 を採択する
- $|t_b| > 2.0$ ならば H_0 を棄却する

t 値は12であり、有意水準5%の臨界値の2より大きいので、有意水準5%で、帰無仮説を棄却し、対立仮説 $H_1 : \beta \neq 0$ を採択します。

4) 回帰係数の解釈

帰無仮説を棄却し、対立仮説を採択した後は、回帰係数はゼロではないと言えるので、推定された回帰係数を解釈します。一般的に、b は「x が1単位増えたときに、y が b 変化する」ことを示します。

例7.5：給与と勤続年数の単回帰モデル：係数の解釈

b については、帰無仮説を棄却し、有意にゼロと異なることが分かりました。そこで、推定値を解釈します。$b = 1.2$ より、勤続年数が1年増えると給与が1.2万円増加する傾向が見られることが分かります。

以上の例では、β の検定を扱ってきましたが、次の切片に関する仮説検定でも、同じ臨界値と棄却域を利用できます。

$$\begin{cases} H_0 : \alpha = 0 \\ H_1 : \alpha \neq 0 \end{cases}$$

2 Rによる演習：回帰係数の t 検定

例7.6：消費の単回帰モデル：回帰係数の検定

単回帰分析で β がゼロの場合、x_i が y_i に影響を与えないことを意味します。回帰分析では、説明変数が被説明変数に与える影響に興味があることが多く、影響の存在を確かめるために係数推定値が0であるかを両側検定を行います。Rでも`lm`関数に`summary`関数を適用すると、係数がゼロかどうかを検定するための t 検定の結果が同時に表示されます。都道府県データを用いた所得と消費の回帰分析の結果の回帰係数の推定値の部分を再掲します。

リスト7.5 回帰係数の推定結果

```
01 Coefficients:
02             Estimate Std. Error  t value  Pr(>|t|)
03 (Intercept) 12.48981    2.62516    4.758  2.05e-05 ***
04 income       0.42853    0.05962    7.188  5.37e-09 ***
05 ---
06 Signif. codes:  0 ‘***’ 0.001 ‘**’ 0.01 ‘*’ 0.05 ‘.’ 0.1 ‘ ’ 1
```

1) 回帰係数の仮説

ここでは、次の回帰式の α や β がゼロかどうかの仮説を考えます。

$$consumption_i = \alpha + \beta income_i + u_i$$

β に関する仮説を具体的に示しましょう。

$$\begin{cases} H_0 : \beta = 0 \\ H_1 : \beta \neq 0 \end{cases}$$

α についても同様な仮説を検証することができます。

2) 回帰係数の t 値

`Coefficients` 以下の結果のうち、`t value` の列が t 値を表します。表から、`income` の係数が0であるかの t 検定統計量は7.188であることが分かります。**図7.5**にも示されています。この値は実際に(4.2)式に従って t 値を計算した値と一致します。

$$t_b = \frac{b - \beta_0}{SE(b)} = \frac{0.42853 - 0}{0.05962} = 7.1876 \cdots \approx 7.188$$

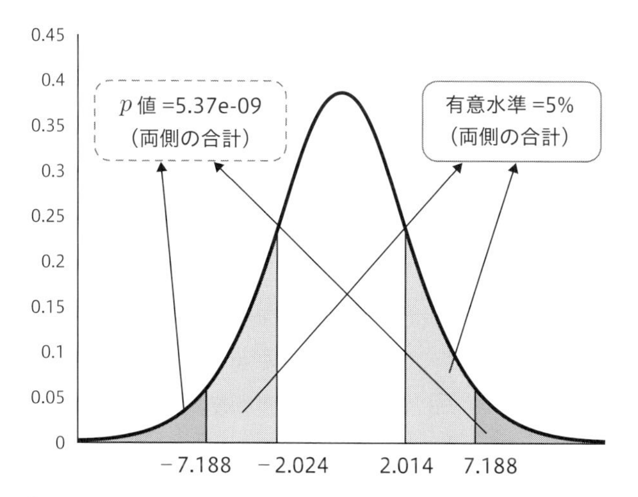

注：これは、説明のために作図したものです。横軸の目盛は正確ではありません。

図7.5　p 値の計算

3）臨界値と棄却域の設定

有意水準が5%の場合の両側検定の臨界値は約2.0です。$t_b = 7.1888$ は、臨界値の上限2.014より大きいため、帰無仮説を棄却し、対立仮説を採択します。

誤差項が正規分布に従うという古典的な仮定の下では、係数の最小2乗推定量は正規分布に従います。このとき、t 検定統計量は t 分布に従うため、臨界値を t 分布から求めることができます。自由度は、観測値数47から推定するパラメータの数2を引いた $47 - 2 = 45$ となります。自由度45の t 分布に基づく臨界値は、Rを用いると次のように求めることができます。図7.5にも示されています。

リスト7.6　t 分布の臨界値の計算

```
01 > qt(0.025, 45)   下限
02 [1] -2.014103
03 > qt(0.975,45)    上限
04 [1] 2.014103
```

$t_b = 7.188$ は、臨界値の上限2.014を超えるので、帰無仮説を棄却し、対立仮説を採択することができます。

4) 回帰係数の p 値

Rでは、p 値が計算されます。$P(>|t|)$ で表示された列は p 値を表示しています[*6]。ただし、5.37e-09という結果は、5.37×10^{-9} を意味しています。この確率は、図7.5にも示されています。p 値は十分に小さく、この結果からも帰無仮説を棄却するという結果が支持されます。

p 値を独自に計算する方法

Rのlm関数を用いた結果で表示される p 値は、t 検定統計量が t 分布に従うという仮定の下で計算されています[*7]。この仮定の下で実際にRで p 値を直接計算してみましょう。関数pt(値, 自由度)は、t 分布に従う変数が「値」に代入された数字よりも小さな値を取る確率を返します。自由度は $n-2=45$ です。これを用いて実際に p 値を計算すると、次のような結果が得られます。

リスト7.7　p 値の計算

```
01  > (1-pt(7.188,45))*2
02  [1] 5.366851e-09
```

これよりlm関数から得た p 値と一致していることが確かめられました。上の計算で中括弧は、自由度45の t 分布に従う変数が7.188よりも小さな値を取る確率を計算しています。t 分布は左右対称の分布であるため、中括弧の結果に2を掛け合わせることで、t 分布に従う変数の絶対値が7.188よりも大きい確率を算出しています。p 値はよく使われる有意水準1%に対応する0.01より小さいので、$income$ の係数が0であるという帰無仮説は、有意水準1%で棄却されます。

5) 回帰係数の解釈

有意水準1%で、係数がゼロであることを主張する帰無仮説が棄却されたので、係数の大きさの解釈ができます。推定結果を式で、次のようにまとめることができます。

$$\widehat{consumption}_i = \underset{(4.758)^{***}}{12.4898} + \underset{(7.188)^{***}}{0.4285} \quad income_i$$

*6　p 値については、6.7節の2「p 値を用いた仮説検定」を参照してください。

*7　Rでは、係数推定値が正規分布に従うと仮定しています。

ここで( )内の数値はt値であり***は有意水準1%で係数がゼロであるという仮説を棄却することを示しています。この結果より、「有意水準1%で可処分所得は消費支出を増やす」ことが分かります。別の表現として、「可処分所得(x)は有意水準1%で統計的に有意である」や、単に「可処分所得(x)は統計的に有意である」ということもあります。

有意水準を示す*の付けかた

仮説検定で、有意水準を示す*の付けかたについて、述べておきます。ある有意水準で棄却できることを示す記号として、「*」が付けられます。Rの場合には、lm関数で求められた係数のp値の隣に*が付けられています。この意味については、推定結果表の下に次のように書かれています。

リスト7.8 Rでの有意水準の記号

```
01  Signif. codes:  0 '***' 0.001 '**' 0.01 '*' 0.05 '.' 0.1 ' ' 1
```

これは、有意水準0.001(0.1%)で有意な場合には「***」、0.01(1%)で有意な場合には「**」、0.05(5%)で有意な場合には「*」、0.1(10%)で有意な場合には「.」、それ以外については何も表記しないという意味です。これは、Rでの表記のしかたですので、分野により表記のしかたは異なります。本書の多くの例において、「***」、「**」、「*」はそれぞれ、1%、5%、10%の有意水準で有意であるという意味で、記号*を使っています。

自分で結果をまとめる際には、p値をもとにして有意水準と比較します。ここでは有意水準を1%、5%、10%とした場合を考えます。

1. 有意水準1%の場合、p値<0.01なら、***とする。それ以外は、有意水準5%の場合へ
2. 有意水準5%の場合、p値<0.05なら、**とする。それ以外は、有意水準1%の場合へ
3. 有意水準10%の場合、p値<0.1なら、*とする。それ例外は記号なし

3 回帰係数の信頼区間

回帰係数の標準誤差と標本分布を用いて信頼区間を求めることができます。図7.4

の臨界値で囲まれる範囲の値を取る確率は次のようになります。

$$P\left(-t_{\frac{\lambda}{2}} \leq t_b \leq t_{\frac{\lambda}{2}}\right) = 1 - \lambda$$

帰無仮説の下で t 検定統計量は $t_b = \frac{b-\beta}{SE(b)}$ と書けるので、これを代入します。

$$P\left(-t_{\frac{\lambda}{2}} \leq \frac{b-\beta}{SE(b)} \leq t_{\frac{\lambda}{2}}\right) = 1 - \lambda$$

( )内を変形すると次式を得ます。

$$P\left(b - t_{\frac{\lambda}{2}} SE(b) \leq \beta \leq b + t_{\frac{\lambda}{2}} SE(b)\right) = 1 - \lambda$$

これは、下限 $b - t_{\lambda/2} SE(b)$ と上限 $b + t_{\lambda/2} SE(b)$ の間に、母集団回帰係数 β が含まれる確率が $1 - \lambda$ であることを示しています。この上限と下限が $(1 - \lambda)$ 信頼区間となります。

4　Excelによる演習：回帰係数の信頼区間

例7.7：消費の単回帰モデルでの回帰係数の信頼区間の推定

Excelの分析ツールでの回帰分析を用いると、回帰係数の信頼区間を求めることができます。4章でも見たように、分析ツールの回帰分析では**図7.6**のようなウィンドウが出てきます。このウィンドウでの「有意水準」が、7.3節の4での $100 \times (1 - \lambda)$ %になります。ここに、99%信頼区間を求めたいときには99を指定して「OK」を押します。

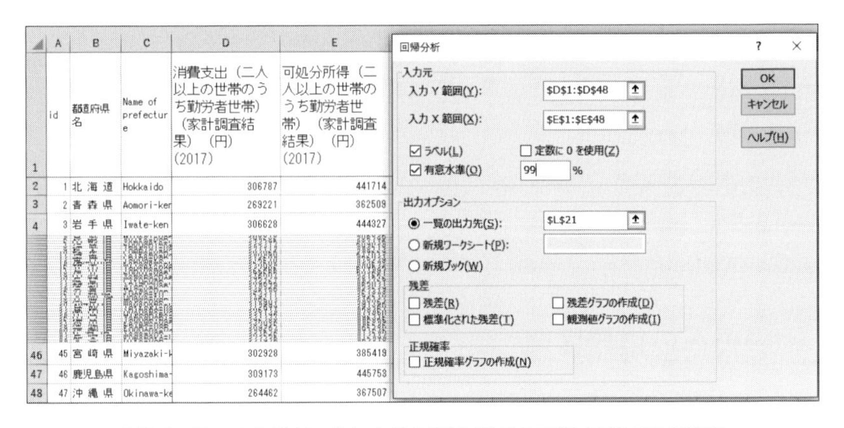

図7.6　Excel分析ツールによる回帰分析での99%信頼区間の推定

すると、出力結果の3番目の表には、**表7.1**のように、P-値の横に信頼区間の推定結果が示されます。95%信頼区間は「下限95%」「上限95%」として示されます。この結果は、何も指定せずとも出力されます。99%信頼区間は「下限99%」「上限99%」で示されます。この結果が図7.6で指定することにより出力される結果となります。ただしここでの信頼区間は、自由度を回帰式の自由度とするt分布に基づいて計算されています。

表7.1　Excel分析ツールによる回帰分析の出力結果（部分）

	係数	標準誤差	t	P-値	下限95%	上限95%	下限99.0%	上限99.0%
切片	124898.1	26251.6	4.758	0.000	72024.8	177771.5	54292.3	195504.0
可処分所得	0.429	0.060	7.188	0.000	0.308	0.549	0.268	0.589

7.4 重回帰式における推定と検定

1 重回帰式における回帰係数のt検定

重回帰モデルの係数に関するt検定は、単回帰モデルのときと同様の方法で行うことができます。説明変数がk個の重回帰式を考えます。

$$y = \alpha + \beta_1 x_1 + \beta_2 x_2 + \cdots + \beta_k x_k + \epsilon$$

n人を対象とした標本調査の結果、n人分の所得と消費のデータが得られたとし、これらをそれぞれ$y_i, x_{1,i}, \cdots x_{k,i}$（$i = 1, \cdots, n$）で表します。また、最小二乗法を用いた係数推定を、b_j（$j = 1, \cdots, k$）で表します。ここで、j番目の係数について、次の仮説を検定することを考えます。

1）回帰係数の仮説

$$\begin{cases} \text{帰無仮説 } H_0 : \beta_j = 0 \\ \text{対立仮説 } H_1 : \beta_j \neq 0 \end{cases}$$

2）検定統計量

このとき、仮説検定のためのt値は次式となります。

$$t_{b_j} = \frac{b_j - \beta_j}{SE(b_j)} = \frac{b_j - 0}{SE(b_j)} = \frac{b_j}{SE(b_j)} \tag{4.6}$$

ここで分母の $SE(b_j)$ は b_j の標準誤差を示します。この t_{b_j} が臨界値より大きい場合、対立仮説を採択することになります。

3) 臨界値

単回帰と同じ方法で臨界値を設定します。標本サイズが十分に大きいとき、t_{b_j} は標準正規分布に従うため、臨界値は約2とすることができます。これより、おおよその棄却域は $|t_{b_j}| > 2$ となります。係数推定値が正規分布に従うと仮定する場合には、t 値の臨界値は t 分布から求めます。自由度は、標本サイズ n から定数項を加えた説明変数の数（$K = k + 1$）を引いた値（$df = n - K$）となります。この場合でも、自由度が20より大きければ臨界値はおおよそ2です。

4) 回帰係数の解釈

帰無仮説を棄却した場合、有意と判断して、推定された回帰係数を解釈します。一般的に、x_j の係数 b_j は「他の変数を一定として、x_j のみが1単位増えたときに、y が b_j 変化する」ことを示します。

2　Rによる演習：重回帰モデルの推定

Rでは、`lm`関数を用いて、重回帰式を最小二乗法で推定することができます。

Rの関数

- 重回帰分析：lm($y \sim x_1 + x_2 + \cdots + x_k$, データフレーム名)
- 分析結果：summary(回帰分析の結果が保存されたオブジェクト)

指定しない限り、定数項は自動的に追加されます。また、`lm`関数から返されるオブジェクトに`summary`関数を適用すると、結果の要約を得ることができます。

例7.8：消費の重回帰モデルの推定と検定

都道府県別のデータを用いて、4章でも取り上げた消費支出と所得との関係である消費関数に、スマートフォンの所有量を含めた重回帰モデルを考えます。

$$consumption_i = \alpha + \beta_1 income_i + \beta_2 phone_i + \epsilon_i$$

引き続き、$consumption$ と $income$ はそれぞれ、二人以上世帯のうち勤労者世帯の消費支出と可処分所得で、単位は万円です。phoneは1世帯当たりのスマートフォン所有台数です。元のデータは、千世帯当たりの所有台数となっているので、1,000で割り、1世帯当たり所有台数に直します。4章の分析で示したように、1世帯当たりに変換したほうが、係数の意味を解釈しやすくなります。

リスト7.9 単位の変更

```
01  > df_pref$phone <- df_pref$phone/1000
```

次に、重回帰分析を行います。

リスト7.10 lm関数による重回帰分析

```
01  > results <- lm(consumption ~ income + phone, df_pref)
02  > summary(results)
03
04  Call:
05  lm(formula = consumption ~ income + phone, data = df_pref)
06
07  Residuals:
08      Min      1Q  Median      3Q     Max
09  -4.3384 -1.0429 -0.2532  0.9568  4.8925
10
11  Coefficients:
12              Estimate    Std. Error t value   Pr(>|t|)
13  (Intercept) 10.05248       3.43483   2.927   0.0054 **
14  income       0.41956       0.06004   6.987   1.19e-08 ***
15  phone        2.69253       2.45472   1.097   0.2787
16  ---
17  Signif. codes:  0 '***' 0.001 '**' 0.01 '*' 0.05 '.' 0.1 ' ' 1
18
19  Residual standard error: 1.876 on 44 degrees of freedom
20  Multiple R-squared:  0.5469,    Adjusted R-squared:  0.5263
21  F-statistic: 26.55 on 2 and 44 DF,  p-value: 2.736e-08
```

回帰係数α、β_1、β_2を、最小二乗法を用いて推定した値をそれぞれ、a、b_1、b_2で表します。Rによる推定結果から、これらは、$a = 10.0525$、$b_1 = 0.4196$、$b_2 = 2.69$であることが読み取れます。標準誤差をそれぞれ$SE(a)$、$SE(b_1)$、$SE(b_2)$で表すと、これらは、$SE(a) = 3.4348$、$SE(b_1) = 0.0600$、$SE(b_2) = 2.45$であることが分かります。推定結果を式で表すと次のようになります。

$$\widehat{consumption}_i = \underset{(2.927)^{***}}{10.0525} + \underset{(6.987)^{***}}{0.4196}\ income_i + \underset{(1.097)}{2.6925}\ phone_i$$

ここで( )内の数値はt値です。変数incomeの係数に対するt値は6.987であり、有意水準1%で統計的に有意であるという結果を示しています。一方、変数phoneのt値は1.097であり、係数が0であるという帰無仮説は棄却されません。これは、スマートフォン所有台数が消費支出に影響を与えるとは考えにくいという結果です。実際に、ここでの変数incomeの係数推定値は、単回帰の結果0.4285とほとんど変わっておらず、スマートフォン所有台数に説明力がないことが示唆されています。

練習問題7.3

消費関数とスマートフォンの所有台数の例において、所得とスマートフォンの所有台数のt値を(4.6)式に従って計算しなさい。

練習問題7.4

Web付録では、電気使用量に関する重回帰モデルの分析例を紹介しています。Web付録を参照し、推定結果を再現しなさい。

7.5 まとめ

本章では、4章で取り上げた回帰分析で求める回帰係数の推定・検定の考えかたを説明し、Excel・Rでの実行方法とその分析結果の見かたについて説明しました。次章では、回帰分析の応用として、質的情報を扱う回帰分析の方法を説明します。

CHAPTER

8

ダミー変数を用いた回帰分析

今までの回帰分析では量的変数を扱いました。たとえば、可処分所得、消費支出、会社員の給与、勤続年数、体重、身長は、量的な意味を持ち、数値で表すことができます。それでは、性別、留学生であるかどうか、賃貸住宅に住んでいるかどうか、を表したい場合は、どうすればいいでしょうか。この章では、このような質的情報を示したいときに使うダミー変数を紹介し、ダミー変数を説明変数に使った回帰分析を学んでいきます。最後に、被説明変数がダミー変数の場合の回帰分析を学びます。

8.1 ダミー変数

性別を示したいときに、変数 D に、男性なら0、女性なら1を取るとします。このように0か1しか取らない変数を**ダミー変数**(擬似変数、dummy variable)と呼びます。また、0に対応するグループを**基準グループ**(reference group)、1に対応するグループを**比較グループ**と呼びます。前述のダミー変数 D の場合、男性グループが基準グループで、女性グループが比較グループとなります。

- **ダミー変数（dummy variable）**
  あるグループに属すなら1を取り、そうでなければ0を取り、質的情報を表す変数
- **基準グループ（reference group）**
  ダミー変数が0を取るグループ

ダミー変数は質的な情報を数値で示していますが、0か1の値自体は量的な意味を持っていません。つまり、1が0より大きいからと言って、女性と男性の間に何らかの大小関係があることを意味しているわけではありません。しかし、ダミー変数は、異なるグループを数値で表すことで、説明変数や被説明変数として、回帰式に入れることができ、実際の分析ではよく使われます。

男女のように、二つのグループ（カテゴリー）を持つ場合は、男性なら0を取り、女性なら1を取るダミー変数 D で性別を表すことができることが分かりました。三つ以上のカテゴリーを持つ質的情報を表現したい場合は、複数のダミー変数を作ればいいです。たとえば、最終学歴が中学校、高校、大学、大学院の四つのカテゴリーからなるとすると、最終学歴が中学校であれば1、そうでなければ0を取るダミー変数 D_1、高校であれば1、そうでなければ0を取るダミー変数 D_2、大学であれば1、そうでなければ0を取るダミー変数 D_3、の三つのダミー変数の組み合わせで最終学歴が表現できます。この場合、**表8.1**から分かるように、最終学歴が中学校の人は $D_1 = 1$ かつ $D_2 = 0$ かつ $D_3 = 0$ で、最終学歴が高校の人は $D_1 = 0$ かつ $D_2 = 1$ かつ $D_3 = 0$ で、最終学歴が大学の人は $D_1 = 0$ かつ $D_2 = 0$ かつ $D_3 = 1$ で、最終学歴が大学院の人は $D_1 = 0$ かつ $D_2 = 0$ かつ $D_3 = 0$ となります。

表8.1　三つのダミー変数で最終学歴を表現

最終学歴	D_1	D_2	D_3
中学校	1	0	0
高校	0	1	0
大学	0	0	1
大学院	0	0	0

ここで、性別には二つのカテゴリーがあるので、一つのダミー変数で十分で、最終学歴は四つのカテゴリーがあるのに、三つのダミー変数で十分であることに注意

しましょう。このように、ダミー変数はカテゴリーの数より一個少ない数で十分です。残りの一個のカテゴリーは、作成されたダミー変数すべてを0とすることで、表すことができます。

ダミー変数の作成は、表したい情報のカテゴリーの数より一個少ない数で十分

練習問題8.1

1. 全国の大学生の出身地が47の都道府県からなるとします。この出身地データを表現するためには、何個のダミー変数が必要でしょうか。
2. この出身地情報を北海道、東北、関東、中部、近畿、中国、四国、九州沖縄の八地方のカテゴリーにまとめて、その地方区分をダミー変数で表すことはできるでしょうか。できるなら、何個のダミー変数が必要でしょうか。

8.2 ダミー変数を説明変数とした単回帰分析

1 ダミー変数のみを説明変数とする回帰モデル

ここからは、説明変数にダミー変数を含む回帰分析を紹介します。説明変数にダミー変数を使いたい場合、基本的には、4.4節や7.1節で扱った量的変数を使った場合と同じく、ダミー変数を回帰式の右辺に入れればいいです。それを理解するために、まずこの節では、ダミー変数を説明変数とした単回帰分析を考えます。たとえば、期末試験得点の要因が性別にあると考えられます。被説明変数を試験得点 $score$ とし、説明変数を女性なら1、男性なら0を取るダミー変数 $female$ とします。すると、次の単回帰式が書けます。

$$score_i = \alpha + \beta\, female_i + \epsilon_i \tag{8.1}$$

学生 i のデータ $score_i$ と $female_i$ を使って、(8.1) 式のパラメータ α と β を推定することで、性別が期末試験得点に与える影響を調べることができます。

$female_i$ は1と0の二値しか取らないので、(8.1) 式は4.4節のような斜めの一本

の回帰直線で描くことはできません。それでは、(8.1) 式をどのように理解すればいいでしょうか。$female_i$ が取り得る二つの値を (8.1) 式に代入して、ダミー変数の係数 β が持つ意味を見てみましょう。

もし学生 i が男性であれば、$female_i = 0$ となり、(8.1) 式は

$$score_i = \alpha + \epsilon_i \quad (female_i = 0, \text{男性}) \tag{8.2}$$

となります。

もし学生 i が女性であれば、$female_i = 1$ となり、(8.1) 式は

$$score_i = \alpha + \beta + \epsilon_i \quad (female_i = 1, \text{女性}) \tag{8.3}$$

となります。(8.2) 式と (8.3) 式より、β は女性と男性の期末試験得点の差*1を示します。言い換えると、ダミー変数の係数は、基準グループと比較して、比較グループの被説明変数がどれだけ異なるかを示します。したがって、ダミー変数の係数がゼロかどうかの両側検定は、両グループの被説明変数*2は異なるかどうかを検定することと同じです。もしダミー変数の係数が統計的に有意に0と異なるのであれば、両グループの被説明変数には差がないという帰無仮説を有意に棄却することを意味します。

2 Rによる演習：ダミー変数を説明変数とした単回帰分析

例8.1：期末試験得点と性別

ある大学から59人の学生を無作為抽出した調査結果であるtestscore.csvを利用して、ある学期の期末試験得点について調べるとします。このデータをデータフレームに読み込み、df_testと名付け、冒頭の6行を出力します。

リスト8.1　データの読み込み

```
01 > setwd("C:\EconDat\8_dummy")
02 > df_test <- read.csv("../data/testscore/testscore.csv",header = TRUE)
```

*1　正確には、女性と男性の期末試験の平均得点の差です。

*2　正確には、両グループの被説明変数の平均です。ここからは、「平均」を省略します。

```
03  > head(df_test)
04    id score  sex attend_num if_international school_year
05  1  1    80 女性         24            いいえ           1
06  2  2   100 男性         26            いいえ           2
07  3  3    55 女性         25            いいえ           4
08  4  4    90 男性         25            いいえ           1
09  5  5    85 男性         26              はい           1
10  6  6    45 男性         18            いいえ           3
```

性別の列を使ってRで回帰分析をする場合は、二つの方法があります。

方法1：ダミー変数を作る方法

リスト8.2　女性なら1、男性なら0を取るダミー変数を作り、データフレームに新しい列として追加する

```
01  > df_test[ which(df_test$sex=="女性"), "female" ] <- 1
02  > df_test[ which(df_test$sex=="男性"), "female" ] <- 0
03  > head(df_test)
04    id score  sex attend_num if_international school_year female
05  1  1    80 女性         24            いいえ           1      1
06  2  2   100 男性         26            いいえ           2      0
07  3  3    55 女性         25            いいえ           4      1
08  4  4    90 男性         25            いいえ           1      0
09  5  5    85 男性         26              はい           1      0
10  6  6    45 男性         18            いいえ           3      0
```

which関数には、調べたい条件式を入れると、その条件式を満たす番号を出してくれます。たとえば、which(df_test$sex=="女性")は、データフレームdf_testのsex列が「女性」となっているところの行番号を求めています。また、ここではwhich関数の条件式に==を使いましたが、これは左辺と右辺が等しいかを比較する演算子です[*3]。次の**表8.2**では、Rでよく使う比較演算子をまとめています。

***3**　Rで=符号は<-符号と同じく、代入するという意味です。実は、<-を=と書いてもいいですが、左辺と右辺が等しいかを調べる比較演算子==と混乱しやすいので、Rでは<-で代入を表します。

表8.2　Rでよく使う比較演算子とその意味

Rでの比較演算子	意味	Rでの比較演算子	意味
==	左辺＝右辺かどうか	!=	左辺≠右辺かどうか
>=	左辺≥右辺かどうか	>	左辺>右辺かどうか
<=	左辺≤右辺かどうか	<	左辺<右辺かどうか

追加したいダミー変数名がfemaleですので、sex列が「女性」となっている行番号が分かったら、その行のfemale列を1と指定すればいいです。男性に関しても同様です。ただし、sex列が「男性」となっている行のfemale列に0を代入します。

Rでデータフレームにダミー変数を追加する方法

- データフレーム名[which(条件式1), "ダミー変数名"] <- 1
- データフレーム名[which(条件式2), "ダミー変数名"] <- 0

これで、(8.1)式に必要な変数が整ったので、7.2節の2のようにlm関数を使って、期末試験得点scoreを女性ダミー変数femaleに回帰できます。

リスト8.3　ダミー変数を用いた回帰分析

```
01 > res1 <- lm(score ~ female, df_test)
02 > summary(res1)
03
04 Call:
05 lm(formula = score ~ female, data = df_test)
06
07 Residuals:
08     Min      1Q  Median      3Q     Max
09 -56.591 -15.462   0.667  12.038  33.409
10
11 Coefficients:
12             Estimate Std. Error t value Pr(>|t|)
13 (Intercept)   66.591      2.872  23.189   <2e-16 ***
14 female        12.742      5.695   2.237   0.0292 *
15 ---
```

```
16  Signif. codes:  0 '***' 0.001 '**' 0.01 '*' 0.05 '.' 0.1 ' ' 1
17
18  Residual standard error: 19.05 on 57 degrees of freedom
19  Multiple R-squared:  0.08073,   Adjusted R-squared:  0.0646
20  F-statistic: 5.006 on 1 and 57 DF,  p-value: 0.02919
```

推定結果をモデル(8.1)に当てはめると

$$\widehat{score_i} = \underset{(23.189)^{***}}{66.59} + \underset{(2.237)^{*}}{12.74}\ female_i \tag{8.4}$$

となります。ここで( )内の数値はt値です。*** は有意水準0.1%で、* は5%水準でそれぞれ有意にゼロと異なることを示します[*4]。summary関数から得られた結果より、αの推定値は66.59、標準誤差は2.87、t値は23.189であることが分かります。p値は0.1%(0.001)より低いので、有意水準0.1%で有意にゼロと異なります。βの推定値は12.74、標準誤差は5.70、t値は2.237であることが分かります。p値は0.0292で、5%(0.05)より低いので、有意水準5%で有意にゼロと異なります。この結果から、女性は男性と比べて、期末試験の得点が平均的に、有意水準5%で12.74点高い傾向があることが分かります。

方法2：カテゴリーデータをそのまま使う方法

ダミー変数を作成せずに、カテゴリーデータを文字列のままでもlm関数で回帰することができます。Rでは、文字列が含まれるカテゴリーデータをファクタ型変数(因子変数)として読み込みます。また、Rでは、カテゴリー変数のうち定義順序(辞書の順番)の最初に表示されるカテゴリーを基準グループとして自動的に扱いますが、自分で基準グループを指定することで、基準グループを明確にすることができます。

カテゴリー列の定義順序は、levels関数を使って確認できます。最初に表示されるのが基準グループです。

---

*4　この章では、有意水準0.001(0.1%)で有意な場合には「***」、0.01(1%)で有意な場合には「**」、0.05(5%)で有意な場合には「*」、0.1(10%)で有意な場合には「.」で表記します。本書では、8章以外の例では、「***:1%水準で、**:5%水準で、*:10%水準で」それぞれ有意に異なるという意味で、記号「*」を使っています。ソフトウェアや分野により「*」の付けかたが違うので、結果をまとめる場合や結果を見る場合に、「*」の意味を明確にすることを薦めます。また、Rの結果を正しく理解することも大事なので、この章では、上述のRでの「*」の表記を使います。

リスト8.4　「sex」列のカテゴリー定義順序を確認する

```
01 > levels( df_test$sex )
02 [1] "女性" "男性"
```

上記の例では、男性を基準グループとしているので、`relevel`関数を使って基準グループを男性に指定します。

Rの関数

- **カテゴリー定義順序の確認**
  levels(確認したい列)
- **基準グループの指定**
  relevel(変更したい列, ref = "指定したい基準グループ名")

リスト8.5　基準グループの変更

```
01 > df_test$sex <- relevel(df_test$sex, ref = "男性")
02 > levels(df_test$sex)
03 [1] "男性" "女性"
```

「sex」列の基準グループを男性に変更

「男性」が最初になったか確認

「男性」が先頭に表示されているので、これからは「男性」を基準グループとして分析を行うことができます。次に、`lm`関数を使って単回帰分析をします。

リスト8.6　「score」列と「sex」列を使って単回帰

```
01 > res2 <- lm(score ~ sex, df_test)
02 > summary(res2)
03 
04 Call:
05 lm(formula = score ~ sex, data = df_test)
06 
07 Residuals:
08     Min      1Q  Median      3Q     Max 
09 -56.591 -15.462   0.667  12.038  33.409 
10 
```

```
11  Coefficients:
12              Estimate Std. Error t value Pr(>|t|)
13  (Intercept)   66.591      2.872  23.189   <2e-16 ***
14  sex女性       12.742      5.695   2.237   0.0292 *
15  ---
16  Signif. codes:  0 '***' 0.001 '**' 0.01 '*' 0.05 '.' 0.1 ' ' 1
17
18  Residual standard error: 19.05 on 57 degrees of freedom
19  Multiple R-squared:  0.08073,   Adjusted R-squared:  0.0646
20  F-statistic: 5.006 on 1 and 57 DF,  p-value: 0.02919
```

先の方法1と同じ結果を得ます。ただし、説明変数のところに比較グループ名の「sex女性」と表示されています。これで、回帰分析の結果からも、比較グループと基準グループが分かるので、結果の説明に便利です。

8.3 説明変数に一つのダミー変数を入れた重回帰分析

1 一つのダミー変数を含む重回帰分析

大学の授業では、講義内容をよく理解するために、出席を推奨することが多いです。それでは、実際には、出席回数はどのように期末試験得点に影響しているでしょうか。ここからは、期末試験得点への授業の出席回数による影響に注目し、分析していきます。その影響を調べるために、まず思い浮かぶのは、期末試験成績を出席回数に回帰する次の単回帰式でしょう。

$$score_i = \alpha + \beta\ attend\_num_i + \epsilon_i \tag{8.5}$$

ただし、$attend\_num$ は出席回数を表す変数です。前節で見たように、性別も期末試験得点に影響を与える要因と考えられるので、性別も回帰式に入れると、次の重回帰式を書けます。

$$score_i = \alpha + \beta_1\ female_i + \beta_2\ attend\_num_i + \epsilon_i \tag{8.6}$$

この場合は、回帰式(8.6)をどう解釈できるか見ていきましょう。前節と同じく、$female_i$ は1と0しか取らないので、(8.6)式を女性と男性に分けて考えることができます。

$$score_i = \alpha + \beta_2\ attend\_num_i + \epsilon_i \quad (female_i = 0, 男性), \tag{8.7}$$

$$score_i = \alpha + \beta_1 + \beta_2\ attend\_num_i + \epsilon_i \quad (female_i = 1, 女性) \tag{8.8}$$

男性の場合、回帰式は(8.7)式、女性の場合、回帰式は(8.8)式になります。男性と女性とも傾きは β_2 で、切片のみ異なることが分かります。男性の切片は α で、女性の切片は $\alpha + \beta_1$ です。$\beta_1 > 0$ のときのこの関係を図にまとめたのが**図8.1**です。この図より、得点と出席回数との関係には、性別の差があることが分かります。具体的には、出席回数が一定であるときに、女性と男性の平均得点の差は β_1 になります。

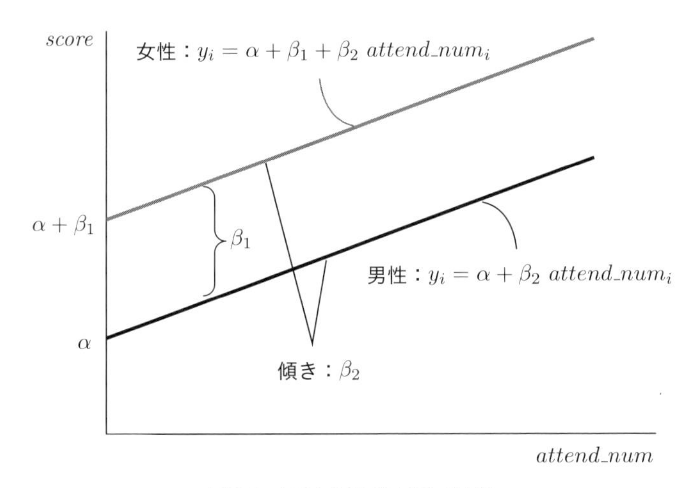

図8.1　回帰式(8.6)が示す直線

2 Rによる演習：一つのダミー変数を含む重回帰分析

例8.2：期末試験得点と出席回数・性別

例8.1で読み込んだデータフレームを用いて、回帰式(8.6)式を推定します。

リスト8.7 一つのダミー変数を含む回帰分析

```
01 > res3<- lm(score ~ female+attend_num, df_test)
02 > summary(res3)
03 
04 Call:
05 lm(formula = score ~ female + attend_num, data = df_test)
06 
07 Residuals:
08     Min      1Q  Median      3Q     Max 
09 -47.750  -9.320   1.704  13.367  26.690 
10 
11 Coefficients:
12             Estimate Std. Error t value Pr(>|t|)    
13 (Intercept)   8.4745    16.2123   0.523 0.603232    
14 female        7.5791     5.3611   1.414 0.162980    
15 attend_num    2.5934     0.7141   3.632 0.000611 ***
16 ---
17 Signif. codes:  0 '***' 0.001 '**' 0.01 '*' 0.05 '.' 0.1 ' ' 1
18 
19 Residual standard error: 17.29 on 56 degrees of freedom
20 Multiple R-squared:  0.256,	Adjusted R-squared:  0.2294 
21 F-statistic: 9.634 on 2 and 56 DF,  p-value: 0.0002537
```

推定結果をモデル(8.6)に当てはめると

$$\widehat{score_i} = \underset{(0.523)}{8.47} + \underset{(1.414)}{7.58}\ female_i + \underset{(3.632)^{***}}{2.59}\ attend\_num_i \tag{8.9}$$

となります。ここで( )内の数値はt値です。*** は有意水準0.1%で有意にゼロと異なることを示します。この推定結果より、出席回数が1回増えると、期末試験得点が2.59点増えることが分かります。ダミー変数の係数は有意でなく、出席回数が一定であるときに、期末試験得点への性差の違いがあるとは言えません。

ここまでは、男性を基準グループとし、女性の得点を男性の得点と比べました。実際には、女性を基準グループとして、回帰分析をすることもできます。ダミー変数$male$を男性なら1、女性なら0を取るとし、次のような回帰モデルを構築します。

$$score_i = \delta + \beta_3 \ male_i + \beta_4 \ attend\_num_i + \epsilon_i \tag{8.10}$$

この場合、$male_i$ は 1 と 0 しか取らないことを考え、(8.10) 式に代入すると

$$score_i = \delta + \beta_4 \ attend\_num_i + \epsilon_i \quad (male_i = 0, \text{女性}), \tag{8.11}$$

$$score_i = \delta + \beta_3 + \beta_4 \ attend\_num_i + \epsilon_i \quad (male_i = 1, \text{男性}) \tag{8.12}$$

(8.11) 式を (8.8) 式と、(8.12) 式を (8.7) 式と比べてみると、女性の切片 $\delta = \alpha + \beta_1$、男性の切片 $\delta + \beta_3 = \alpha$、傾き $\beta_4 = \beta_2$、$\beta_3 = -\beta_1$ の関係が成り立つことが分かります。実際に分析を行う際には、どのグループを基準にしても構いませんが、解釈する際に、指定した基準グループと比較することに注意する必要があります。

練習問題 8.2

(8.10) 式の回帰分析を R で実行しなさい。その推定結果と res3 の推定結果を比較して、$\delta = \alpha + \beta_1$、$\delta + \beta_3 = \alpha$、$\beta_4 = \beta_2$、$\beta_3 = -\beta_1$ となることを、それらの推定値より確認しなさい。

3 基準グループを設けない場合

ここまでの分析で、回帰式の説明変数には女性ダミー変数 $female$ か男性ダミー変数 $male$ のどちらか一つのみを使いました。その一つのダミー変数で、二つのグループの切片をそれぞれ決めることに成功しました。しかし、$female$ と $male$ の両方を説明変数として回帰式の右辺に入れたいと思っている読者もいるかもしれません。その場合は、回帰式は

$$score_i = \alpha_1 \ female_i + \alpha_2 \ male_i + \beta \ attend\_num_i + \epsilon_i \tag{8.13}$$

になります。(8.13) 式を (8.6) 式、または (8.10) 式と比べてみると、回帰式に切片がないことに気付いたでしょう。それは、切片を含まない (8.13) 式でも、男性と女性それぞれの回帰式を十分に表すことができるからです。実際に、女性の場合

は、$female_i = 1$、$male_i = 0$ となるので、(8.13) 式は

$$score_i = \alpha_1 + \beta\ attend\_num_i + \epsilon_i \tag{8.14}$$

となり、男性の場合は、$female_i = 0$、$male_i = 1$ となるので、(8.13) 式は

$$score_i = \alpha_2\ + \beta\ attend\_num_i + \epsilon_i \tag{8.15}$$

となります。

また、$female_i = 0$ であれば、$male_i = 1$ となり、$female_i = 1$ であれば、$male_i = 0$ となるので、$female$ と $male$ の間は、常に

$$female_i + male_i = 1$$

の線形関係が成り立ちます。そして切片は、実は常に1を取る変数の係数と見なすことができるので*5、$female$、$male$、そして常に1を取る変数の間には、線形関係が存在します。この場合、最小2乗法により、

$$score_i = \alpha_0 + \alpha_1\ female_i + \alpha_2\ male_i + \beta\ attend\_num_i + \epsilon_i$$

のような式を推定することができなくなります。このように説明変数間に線形関係があるために、推定ができない問題を、**多重共線性**(multicollinearity) が起きたと呼びます。そして、(8.13) 式は切片の差の統計的性質を調べるときの**統計的推論**(statistical inference) が困難になるため、(8.6) 式または (8.10) 式のように、カテゴリー数より一つ少ない数のダミー変数を回帰式に使いましょう。

今回は、説明変数にはダミー変数以外に、量的変数は $attend\_num$ 一つしか使っていませんが、被説明変数を説明できる他の変数を入れることもできます。その場合は、推定方法と解釈は (8.6) 式や (8.10) 式で分析した場合と同じです。

*5　このため、切片は定数項 (constant) と呼ばれます。

例8.3：基準グループを設けない回帰モデル

(8.13)式をRで推定してみます。

リスト8.8　基準グループを設けない回帰分析

```
01  > res4<- lm(score ~ female +male +attend_num, df_test)
02  > summary(res4)
03
04  Call:
05  lm(formula = score ~ female + male + attend_num, data = df_test)
06
07  Residuals:
08      Min      1Q  Median      3Q     Max
09  -47.750  -9.320   1.704  13.367  26.690
10
11  Coefficients: (1 not defined because of singularities)
12              Estimate Std. Error t value Pr(>|t|)
13  (Intercept)   8.4745    16.2123   0.523 0.603232
14  female        7.5791     5.3611   1.414 0.162980
15  male              NA         NA      NA       NA
16  attend_num    2.5934     0.7141   3.632 0.000611 ***
17  ---
18  Signif. codes:  0 '***' 0.001 '**' 0.01 '*' 0.05 '.' 0.1 ' ' 1
19
20  Residual standard error: 17.29 on 56 degrees of freedom
21  Multiple R-squared:  0.256,     Adjusted R-squared:  0.2294
22  F-statistic: 9.634 on 2 and 56 DF,  p-value: 0.0002537
```

推定結果を見ると、maleの行がNAとなっています。これは、前述のとおり、$male_i + female_i = 1$という線形関係が成り立つために、最小2乗法による推定ができないため、この線形関係を崩すために、Rでは、自動的に推定から外されているためです。

線形関係$male_i + female_i = 1$を崩す、別の方法として切片を除く方法((8.13)式)も考えられます。このためには、lm関数の説明変数のリストに「−1」を追加します。

リスト8.9 定数項を除く回帰分析

```
01 > res5<- lm(score ~ female +male +attend_num -1, df_test)
02 > summary(res5)
03 
04 Call:
05 lm(formula = score ~ female + male + attend_num - 1, data = df_test)
06 
07 Residuals:
08     Min      1Q  Median      3Q     Max 
09 -47.750  -9.320   1.704  13.367  26.690 
10 
11 Coefficients:
12            Estimate Std. Error t value Pr(>|t|)    
13 female      16.0536    17.9858   0.893 0.375907    
14 male         8.4745    16.2123   0.523 0.603232    
15 attend_num   2.5934     0.7141   3.632 0.000611 ***
16 ---
17 Signif. codes:  0 '***' 0.001 '**' 0.01 '*' 0.05 '.' 0.1 ' ' 1
18 
19 Residual standard error: 17.29 on 56 degrees of freedom
20 Multiple R-squared:  0.946,	Adjusted R-squared:  0.9431 
21 F-statistic: 327.3 on 3 and 56 DF,  p-value: < 2.2e-16
```

今度は、女性ダミー変数 $female$ と男性ダミー変数 $male$ の係数の推定結果を得ることができました。この結果をまとめると次のようになります。

$$\begin{aligned}\widehat{score_i} = \underset{(0.893)}{16.05}\ female_i + \underset{(0.523)}{8.48}\ male_i \\ + \underset{(3.632)^{***}}{2.59}\ attend\_num_i\end{aligned} \tag{8.16}$$

ここで( )内の数値は t 値です。*** は有意水準0.1%で有意にゼロと異なることを示します。

8.4 ダミー変数と連続変数の交差項を入れた回帰分析

図8.1のように、(8.6) 式の回帰直線は切片だけ異なる平行の二本の線で描かれます。つまり、女性のグループの傾きも男性グループの傾きも β_2 であり、女性グループの中で見ても、男性グループの中で見ても、出席回数が一回増えると期末試験得点が β_2 だけ増えるとしています。しかし、出席回数が一回増えることが期末試験得点に与える影響は、女性グループと男性グループで異なるかもしれません。その違いを捉えるためには、回帰式にこの二つの変数の交差項を入れることで解決できます。二つの変数の**交差項** (interaction term) とは、二つの変数を掛け合わせた項のことを言い、一つの説明変数が非説明変数に与える影響がもう一つの説明変数によって異なることを説明できます。この節では、ダミー変数と連続変数との交差項を入れた回帰分析を紹介します。

> **交差項 (interaction term)**
> 二つの説明変数を掛け合わせた項

次の (8.17) 式は、出席回数が一回増えることの期末試験得点への影響は、男女で異なることを考慮した回帰式です。

$$score_i = \alpha_0 + \beta_1\, female_i + \beta_2\, attend\_num_i + \beta_3\, (female_i \times attend\_num_i) + \epsilon_i \tag{8.17}$$

ただし、$female_i \times attend\_num_i$ は女性を表すダミー変数と出席回数の交差項です。この回帰式は、男性の場合は $female_i = 0$ となるので

$$score_i = \alpha_0 + \beta_2\, attend\_num_i + \epsilon_i \tag{8.18}$$

となり、出席回数が一回増えると期末試験得点は β_2 点上がることを示唆します。女性の場合は $female_i = 1$ となるので

$$score_i = (\alpha_0 + \beta_1) + (\beta_2 + \beta_3)\ attend\_num_i + \epsilon_i \qquad (8.19)$$

となり、出席回数が一回増えると期末試験得点は$(\beta_2 + \beta_3)$点上がることを示唆します。つまり、(8.17)式の交差項の係数β_3は、一回多く出席することが期末試験得点に与える影響が男性と女性でどれだけ異なるかを示します。(8.18)式と(8.19)式より、男性の回帰直線と女性の回帰直線は、切片と傾きとも異なることが分かります。$\beta_1 > 0$のときのこの関係を図にまとめたのが**図8.2**です。

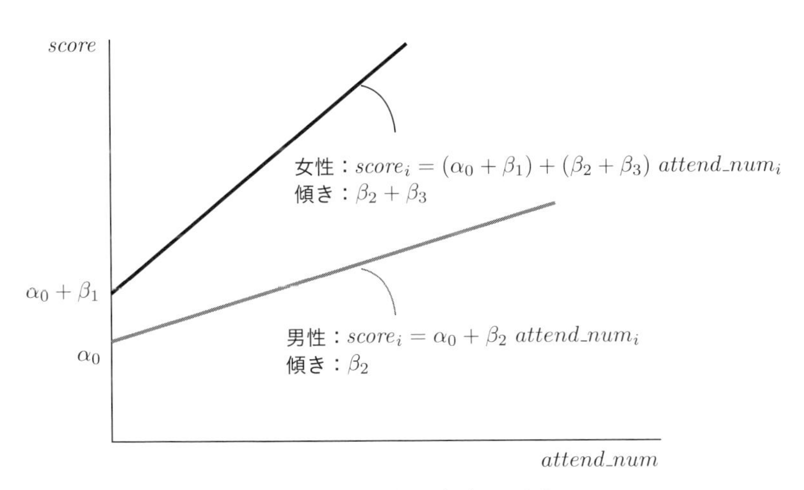

図8.2　回帰式(8.17)が示す直線

1 Rによる演習：ダミー変数と連続変数との交差項を含む回帰式

Rでは交差項は「:」を使って表示します。たとえば、$(female_i \times attend_num_i)$は「$female_i : attend\_num_i$」と書きます。

例8.4：出席回数の期末試験得点への影響に男女差はあるか

(8.17)式をRで推定するには、次のように求めます。

リスト8.10　交差項を含む回帰分析

```
01 > res6 <- lm(score~ female + attend_num + female:attend_num, df_test)
02 > summary(res6)
```

```
03
04  Call:
05  lm(formula = score ~ female + attend_num + female:attend_num,
06      data = df_test)
07
08  Residuals:
09      Min      1Q  Median      3Q     Max
10  -46.916  -8.971   1.919  10.705  26.056
11
12  Coefficients:
13                      Estimate Std. Error t value Pr(>|t|)
14  (Intercept)           2.9935    16.6799   0.179 0.858229
15  female               95.4408    68.8566   1.386 0.171316
16  attend_num            2.8380     0.7353   3.860 0.000301 ***
17  female:attend_num    -3.6208     2.8291  -1.280 0.205970
18  ---
19  Signif. codes:  0 '***' 0.001 '**' 0.01 '*' 0.05 '.' 0.1 ' ' 1
20
21  Residual standard error: 17.19 on 55 degrees of freedom
22  Multiple R-squared:  0.2775,    Adjusted R-squared:  0.2381
23  F-statistic: 7.042 on 3 and 55 DF,  p-value: 0.0004327
```

推定結果をモデル(8.17)に当てはめると、次のとおりになります。

$$
\begin{aligned}
\widehat{score_i} = \underset{(0.179)}{2.99} + \underset{(1.386)}{95.44}\ female_i + \underset{(3.860)^{***}}{2.84}\ attend\_num_i \\
- \underset{(-1.280)}{3.62}\ (female_i \times attend\_num_i)
\end{aligned}
\tag{8.20}
$$

ここで( )内の数値はt値です。***は有意水準0.1%で有意にゼロと異なることを示します。

データの散布図と回帰直線をグラフに描いたのが**図8.3**です。図8.3から男性と女性の回帰直線の切片と傾きが異なることが確認できます。

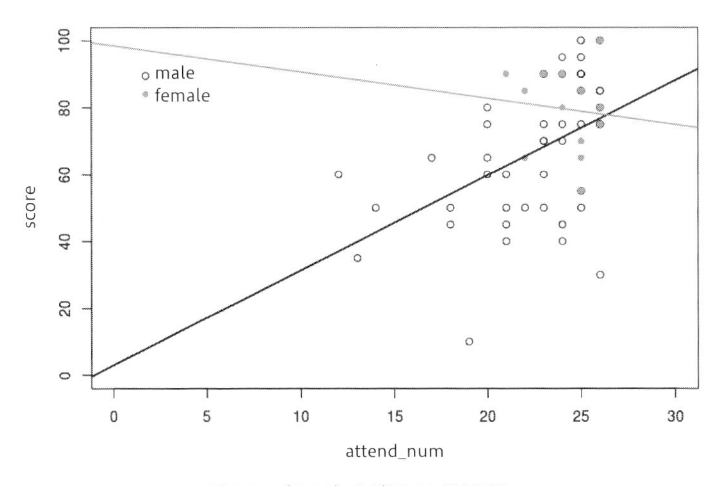

図8.3　(8.20) 式が示す回帰直線

この推定結果より、女性を表すダミー変数と出席回数の交差項の係数は－3.62で、統計的に有意でなく、出席回数が1回増えることが期末試験得点に与える影響は男女間の差があると言えないことが分かります。

8.5 説明変数に複数のダミー変数を含む回帰分析

1 二つのカテゴリーからなる質的情報を表すダミー変数を複数含む回帰分析

回帰式に複数のダミー変数を説明変数として使うことができます。まず、二つのカテゴリーからなる質的情報を表すダミー変数を複数含む回帰分析を考えます。

性別だけでなく、留学生の場合とそうでない場合で、期末試験得点が異なるかもしれません。そのことを検討するために、留学生ダミー変数を含む回帰式を推定します。$international\_st$ を留学生なら1、留学生でなければ0を取るダミー変数とします。(8.6) 式を思い出し、そこに変数 $international\_st$ を入れて、次のような回帰式を書きます。

$$score_i = \gamma_0 + \gamma_1\ female_i + \gamma_2\ international\_st_i + \gamma_3\ attend\_num_i + \epsilon_i \tag{8.21}$$

ここでも、(8.21) 式を理解するために、グループに分けて考えます。$female_i$ と $international\_st_i$ は0と1の値しか取らないので、それぞれ (8.21) に代入します。

$$\begin{aligned} score_i =& \gamma_0 + \gamma_3 \ attend\_num_i \\ & + \epsilon_i \quad (female_i = 0, international\_st_i = 0), \end{aligned} \tag{8.22}$$

$$\begin{aligned} score_i =& \gamma_0 + \gamma_2 + \gamma_3 \ attend\_num_i \\ & + \epsilon_i \quad (female_i = 0, international\_st_i = 1), \end{aligned} \tag{8.23}$$

$$\begin{aligned} score_i =& \gamma_0 + \gamma_1 + \gamma_3 \ attend\_num_i \\ & + \epsilon_i \quad (female_i = 1, international\_st_i = 0), \end{aligned} \tag{8.24}$$

$$\begin{aligned} score_i =& \gamma_0 + \gamma_1 + \gamma_2 + \gamma_3 \ attend\_num_i \\ & + \epsilon_i \quad (female_i = 1, international\_st_i = 1) \end{aligned} \tag{8.25}$$

(8.21) を、縦軸が $score$ で、横軸が $attend\_num$ の図に描くと、傾きは同じく γ_3 で、切片が異なる四本の平行直線となります。具体的には、(8.22) 式～ (8.25) 式の四式を比べてみると、回帰式 (8.21) の各係数が示すことが分かります。

出席回数が一定であるときに

- (8.22) 式と (8.23) 式より、男性グループの中での、留学生と国内出身学生の得点の差は γ_2 で示されている
- (8.24) 式と (8.25) 式より、女性グループの中での、留学生と国内出身学生の得点の差は γ_2 で示されている
- (8.22) 式と (8.24) 式より、国内出身学生グループの中での、女性と男性の得点の差は γ_1 で示されている
- (8.23) 式と (8.25) 式より、留学生グループの中での、女性と男性の得点の差は γ_1 で示されていまる

また、γ_3 は、性別と留学生であるかどうかが同じである場合に、出席回数が一回増えるときの得点の変化を示します。

まとめると、(8.21) 式のダミー変数の係数は、それぞれの基準グループと比較グループの被説明変数の差を示します。

2 Rによる演習：二つのカテゴリーからなる質的情報を表すダミー変数を複数含む回帰分析

Rにより、(8.21)式を推定してみます。

例8.5：女性ダミー変数、留学生ダミー変数を含む場合

まず、留学生を示すダミー変数`international_st`を作成します。

リスト8.11　ダミー変数の作成

```
01  > df_test[which(df_test$if_international=="はい"), "international_st"]
    <-1
02  > df_test[which(df_test$if_international=="いいえ"), "international_
    st"] <-0
03  > head(df_test)
```

ここでは省略しますが、`head(df_test)`の結果から、留学生ダミー変数が作成されたかを確認してください。回帰式は次のようにして推定します。

リスト8.12　二つのダミー変数を含む回帰分析

```
01  > res7 <- lm(score~ female +international_st +attend_num, df_test)
02  > summary(res7)
03  
04  Call:
05  lm(formula = score ~ female + international_st + attend_num,
06      data = df_test)
07  
08  Residuals:
09      Min      1Q  Median      3Q     Max
10  -45.042 -10.671   2.716  10.826  30.180
11  
12  Coefficients:
13                   Estimate Std. Error t value Pr(>|t|)
14  (Intercept)        8.2431    15.3297   0.538 0.592941
15  female             0.8199     5.6285   0.146 0.884710
```

```
16  international_st  13.8693     5.0190   2.763 0.007767 **
17  attend_num         2.4631     0.6768   3.639 0.000605 ***
18  ---
19  Signif. codes:  0 ‘***’ 0.001 ‘**’ 0.01 ‘*’ 0.05 ‘.’ 0.1 ‘ ’ 1
20  
21  Residual standard error: 16.35 on 55 degrees of freedom
22  Multiple R-squared:  0.3467,    Adjusted R-squared:  0.3111
23  F-statistic: 9.729 on 3 and 55 DF,  p-value: 3.002e-05
```

推定結果を(8.21)のモデルに当てはめると、次のようになります。

$$
\begin{aligned}
\widehat{score_i} = \underset{(0.538)}{8.24} + \underset{(0.146)}{0.82}\ female_i + \underset{(2.763)^{**}}{13.87}\ international\_st_i \\
+ \underset{(3.639)^{***}}{2.46}\ attend\_num_i
\end{aligned}
\tag{8.26}
$$

ここで( )内の数値はt値です。**は有意水準1%で、***は有意水準0.1%で有意にゼロと異なることを示します。この結果より、性別と留学生かどうかが一定であるときに、出席回数が1回増えると、期末試験得点が2.46点増えることが分かります。また、これは有意水準0.1%で有意です。出席回数が一定であるときに、国内出身学生と比べると、留学生の期末試験得点は13.87点高いことが分かります。これは有意水準1%で統計的に有意です。しかし、femaleの係数の推定値は統計的に有意でなく、出席回数が一定であるときに、期末試験得点の性別による差は見られません。

3 ダミー変数とダミー変数の交差項を入れた回帰分析

回帰式(8.21)は、男性と女性とで、留学生であるか本国出身者であるかが試験得点に与える影響には違いがなく、γ_2であるという前提を置いていました。しかし、男性と女性とで、留学生であるか本国出身者であるかが試験得点に与える影響は違うかもしれません。それでは、その違いを調べたい場合はどうすればいいでしょうか。8.4節で説明した交差項を思い出しましょう。8.4節では、女性ダミー変数と出席回数の交差項を入れて、出席回数が一回増えることが期末試験得点に与える影響は、女性グループと男性グループで異なることを捉えました。それと同じく、式(8.21)に、ダミー変数$female$とダミー変数$international_st$の交差項を入れることが考えられます。次の(8.27)式がその回帰式です。

$$\begin{aligned} score_i =& \gamma_0 + \gamma_1\ female_i + \gamma_2\ international\_st_i \\ &+ \gamma_3\ female_i \times international\_st_i + \gamma_4\ attend\_num_i + \epsilon_i \end{aligned} \tag{8.27}$$

では式(8.27)は、留学生であるかどうかが試験得点に与える影響が男女で性別にもよることをどのように捉えているでしょうか。ここでも、式(8.27)にダミー変数 $female$ とダミー変数 $international\_st$ の取り得る1と0をそれぞれ代入して見ます。

$$score_i = \gamma_0 + \gamma_4\ attend\_num_i + \epsilon_i \quad (female_i = 0, international\_st_i = 0), \tag{8.28}$$

$$\begin{aligned} score_i =& \gamma_0 + \gamma_2 + \gamma_4\ attend\_num_i \\ &+ \epsilon_i \quad (female_i = 0, international\_st_i = 1), \end{aligned} \tag{8.29}$$

$$\begin{aligned} score_i =& \gamma_0 + \gamma_1 + \gamma_4\ attend\_num_i \\ &+ \epsilon_i \quad (female_i = 1, international\_st_i = 0), \end{aligned} \tag{8.30}$$

$$\begin{aligned} score_i =& \gamma_0 + \gamma_1 + \gamma_2 + \gamma_3 + \gamma_4\ attend\_num_i \\ &+ \epsilon_i \quad (female_i = 1, international\_st_i = 1) \end{aligned} \tag{8.31}$$

(8.28)式～(8.31)式の四式を比較してみると、回帰式(8.27)の各係数が示すことが分かります。まず、連続変数の係数 γ_4 は、性別と留学生であるかどうかが同じである場合に、出席回数が一回増えるときの得点の変化を示します。

また、出席回数が一定であるときに

(ｉ) (8.28)式と(8.29)式より、男性グループの中での、留学生と国内出身学生の得点の差は γ_2 で示されている

(ii) (8.30)式と(8.31)式より、女性グループの中での、留学生と国内出身学生の得点の差は $\gamma_2 + \gamma_3$ で示されている

これは、女性グループで留学生と国内出身学生の得点の差は男性グループのそれより γ_3 だけの違いがあることを示します。

同じく

（iii）(8.28) 式と (8.30) 式より、国内出身学生グループの中での、女性と男性の得点の差は γ_1 で示されている
（iv）(8.29) 式と (8.31) 式より、留学生グループの中での、女性と男性の得点の差は $\gamma_1 + \gamma_3$ で示されている

（iii）と（iv）からも、男女の得点の差は留学生であるかどうかで異なり、その差が γ_3 であることが分かります。
まとめると、(8.27) 式のダミー変数とダミー変数の交差項の係数は、一方のダミー変数が被説明変数に与える影響と、もう一方のそれとの差を示します。

4 Rによる演習：ダミー変数とダミー変数の交差項を入れた回帰分析

Rにより、(8.27) 式を推定します。

例8.6：女性ダミー変数と留学生ダミー変数の交差項を含む

例8.5で使ったダミー変数 $female$、$international\_st$ を「:」でつないで、交差項を表します。

リスト8.13　ダミー変数とダミー変数の交差項を含む回帰分析

```
01  > res8 <- lm(score ~ female + international_st + female:international_
    st + attend_num, df_test)
02  > summary(res8)
03
04  Call:
05  lm(formula = score ~ female + international_st + female:international_
    st +
06      attend_num, data = df_test)
07
08  Residuals:
09     Min      1Q Median      3Q     Max
10  -45.09 -10.56   2.61   10.84  30.08
```

```
11
12  Coefficients:
13                             Estimate Std. Error t value Pr(>|t|)
14  (Intercept)                 8.13682   15.50107   0.525 0.601788
15  female                      0.08108    8.93323   0.009 0.992792
16  international_st           13.52939    5.97596   2.264 0.027616 *
17  attend_num                  2.47128    0.68725   3.596 0.000701 ***
18  female:international_st     1.21984   11.38385   0.107 0.915063
19  ---
20  Signif. codes:  0 '***' 0.001 '**' 0.01 '*' 0.05 '.' 0.1 ' ' 1
21
22  Residual standard error: 16.5 on 54 degrees of freedom
23  Multiple R-squared:  0.3468,   Adjusted R-squared:  0.2984
24  F-statistic: 7.168 on 4 and 54 DF,  p-value: 0.000105
```

推定結果を(8.27)のモデルに当てはめると、次のようになります。

$$\widehat{score_i} = \underset{(0.525)}{8.14} + \underset{(0.009)}{0.82}\ female_i + \underset{(2.264)^{*}}{13.53}\ international\_st_i \tag{8.32}$$

$$+ \underset{(0.107)}{1.22}\ female_i \times international\_st_i + \underset{(3.596)^{***}}{2.47}\ attend\_num_i \tag{8.33}$$

ここで( )内の数値はt値です。*** は有意水準0.1%で有意にゼロと異なり、* は有意水準5%で有意にゼロと異なることを示します。この結果より、男性と女性とで、留学生であるか本国出身者であるかが試験得点に与える影響の違いは1.22で、統計的に有意でないことが分かります。

5 三つ以上のカテゴリーからなる質的情報を表すダミー変数を含む回帰分析

期末試験得点は学生の学年にも影響されると考えられます。それでは、学年と出席回数が期末試験得点に与える影響を調べたい場合、学年を表す変数はどのように回帰式に使えばいいでしょうか。読者はまず、7章で紹介した回帰分析のように、数値変数の説明変数として回帰式に入れることが思い浮かぶかもしれません。その場合、$school\ year$を学年(量的変数)とすると、モデルは次のようになります。

$$score_i = \alpha + \beta_1\ school\_year_i + \beta_2\ attend\_num_i + \epsilon_i \tag{8.34}$$

ここで、β_1 は、出席回数が一定であるときに、学年が一年変化する場合の期末試験得点の平均的な変化を示します。

しかし、大学の学年は1、2、3、4しか取れないことに注意すれば、学生を一年生、二年生、三年生と四年生の四グループに分けて分析してもいいかもしれません。もっとも、学年が一年上がったから試験の得点がどうなったかより、同じ学年の学生を一つのグループとして見て、各学年グループの学生の得点を比較するのが自然でしょう。また、二年生と一年生の得点の違いと、四年生と三年生の得点の差とは異なるかもしれないので、学年が一年変化する場合の期末試験得点の変化が β_1 と一定であると考えるのは妥当性に欠けます。

このように考えると、学年を四カテゴリーを持つ質的変数として捉え、それぞれのダミー変数を回帰式に入れることがよりいい分析方法です。

ダミー変数はカテゴリー数より一個少ない数で十分であることから、学年を表すダミー変数は三つでいいです。たとえば、一年生を基準グループとすると、次の三つのダミー変数 d_year2、d_year3、d_year4 が作れます。

$$d\_year2 = \begin{cases} 1 : school\_year = 2 \\ 0 : school\_year \neq 2 \end{cases} \quad d\_year3 = \begin{cases} 1 : school\_year = 3 \\ 0 : school\_year \neq 3 \end{cases}$$

$$d\_year4 = \begin{cases} 1 : school\_year = 4 \\ 0 : school\_year \neq 4 \end{cases}$$

d_year2 は二年生なら1を取り、そうでないなら0を取るダミー変数となります。d_year3 と d_year4 も同様です。

この三つのダミー変数と出席回数を説明変数として、次の回帰式を推定すればいいです。

$$score_i = \alpha + \beta_1\ d\_year2 + \beta_2\ d\_year3 + \beta_3\ d\_year4 + \beta_4\ attend\_num_i + \epsilon_i \tag{8.35}$$

ダミー変数の係数は基準グループと比較した場合、そのグループの被説明変数がどれだけ変化するかを示すことを思い出します。ここでは、基準グループは一年生なので、β_1 は出席回数が同じときの二年生と一年生期末試験得点の差、β_2 は出席回数が同じときの三年生と一年生期末試験得点の差、β_3 は出席回数が同じときの四年生と一年生期末試験得点の差、を示します。このことから、モデル(8.35)は両グループ間の期末試験得点の差が異なることを許容していることが分かります。

6 Rによる演習：三つ以上のカテゴリーからなる質的情報を表すダミー変数を含む回帰分析

回帰モデル(8.35)式をRで推定してみます。

例8.7：学年の期末試験得点への影響

これまでに用いてきたデータを用いて分析を行います。学年を示す $school\_year$ が数値として保存されているのか、文字列として保存されているのかなど、変数の型を確認します。そのためには、データ構造を知るための関数str(データフレーム名)を実行します。

リスト8.14　データ構造

```
01  > str(df_test)
02  'data.frame':   59 obs. of  9 variables:
03   $ id               : int  1 2 3 4 5 6 7 8 9 10 ...
04   $ score            : int  80 100 55 90 85 45 75 50 95 90 ...
05   $ sex              : Factor w/ 2 levels "男性","女性": 2 1 2 1 1 1 1 1
    1 1 ...
06   $ attend_num       : int  24 26 25 25 26 18 26 23 24 25 ...
07   $ if_international: Factor w/ 2 levels "いいえ","はい": 1 1 1 1 2 1 1
    1 2 1 ...
08   $ school_year      : int  1 2 4 1 1 3 2 3 4 2 ...
```

例8.1では、変数sexから、ダミー変数を作成し分析をしました。この結果を見ると、sexは「Factor」、つまり因子変数として扱われているので、例8.1の方法2を使った分析ができました。しかし、ここで分析に使おうとする変数はschool_yearは、「int」つまり整数(integer)となっていますから、数値として扱います。

したがって、期末試験得点を、量的変数のschool_yearに回帰することも可能になります。

リスト8.15　データ構造確認後の回帰分析

```
01  > res9 <- lm(score~ school_year +attend_num, df_test)
02  > summary(res9)
03  
04  Call:
05  lm(formula = score ~ school_year + attend_num, data = df_test)
06  
07  Residuals:
08      Min      1Q  Median      3Q     Max 
09  -42.780 -11.286   0.094  14.927  29.753 
10  
11  Coefficients:
12              Estimate Std. Error t value Pr(>|t|)    
13  (Intercept)  24.9508    18.1030   1.378 0.173602    
14  school_year  -4.8862     2.1921  -2.229 0.029846 *  
15  attend_num    2.4934     0.6915   3.606 0.000663 ***
16  ---
17  Signif. codes:  0 '***' 0.001 '**' 0.01 '*' 0.05 '.' 0.1 ' ' 1
18  
19  Residual standard error: 16.86 on 56 degrees of freedom
20  Multiple R-squared:  0.2922,    Adjusted R-squared:  0.267 
21  F-statistic: 11.56 on 2 and 56 DF,  p-value: 6.266e-05
```

これより、学年の係数は−4.8862であり、有意水準5%でゼロと異なることが分かります。つまり、学年が1年上昇するにつれて、この科目の期末試験得点は約4.9点下がる傾向があることが分かります。しかし、この結果はどの学年から1学年上がる場合とで同じです。

例8.8：学年ダミー変数を用いた期末試験得点の分析

次に、ダミー変数を用いて分析します。学年を示すダミー変数d_year2、d_year3、d_year4のそれぞれを作成してデータフレームに追加してもいいですが、ここでは、例8.1で紹介したカテゴリーデータをそのまま使う方法によりRコードを書きます。基準グループを確認指定する必要がありますが、df_testの学年列は数値であるので、levels関数は適用できません。levels関数を適用するために、

factor関数でカテゴリー化します。

リスト8.16 factor関数でのカテゴリー化とlevels関数の適用

```
01 > levels(factor(df_test$school_year))
02 [1] "1" "2" "3" "4"
```

この結果を見ると、1年生を示す“1”が先頭に来ているので、1年生を基準グループとして分析に扱われることになります。

Rの関数

- **数値列をカテゴリー化**
  factor(カテゴリー化したい列名)

次に、回帰分析を行います。

リスト8.17 factor型変数を含む回帰分析

```
01 > res10<- lm(score~ factor(school_year) + attend_num, df_test)
02 > summary(res10)
03
04 Call:
05 lm(formula = score ~ factor(school_year) + attend_num, data = df_test)
06
07 Residuals:
08     Min      1Q  Median      3Q     Max
09 -41.799 -11.214   0.796  14.544  30.590
10
11 Coefficients:
12                      Estimate Std. Error t value Pr(>|t|)
13 (Intercept)           18.6234    18.0112   1.034 0.305750
14 factor(school_year)2  -3.7036     6.5064  -0.569 0.571564
15 factor(school_year)3  -8.2788     6.6265  -1.249 0.216930
16 factor(school_year)4 -14.7489     7.1360  -2.067 0.043558 *
17 attend_num             2.5223     0.7116   3.544 0.000821 ***
```

```
18 ---
19 Signif. codes:  0 ‘***’ 0.001 ‘**’ 0.01 ‘*’ 0.05 ‘.’ 0.1 ‘ ’ 1
20
21 Residual standard error: 17.16 on 54 degrees of freedom
22 Multiple R-squared:  0.2935,    Adjusted R-squared:  0.2411
23 F-statistic: 5.607 on 4 and 54 DF,  p-value: 0.0007537
```

ここで、回帰分析の結果をcsvで保存する方法を紹介します。Rでは、次のように、write.csv関数で回帰結果の係数の推定量、標準誤差、t 値、p 値をcsvファイルで保存することができます。

リスト8.18 write.csv関数を用いた回帰分析の出力結果の保存

```
01 > write.csv( summary(res10)$coef, file = "score_res10.csv")
```

上記のコードを実行すると、最初に設定したディレクトリフォルダ「C:\EconDat\8_dummy」にscore_res10.csvファイルが保存されます。このcsvファイルの表をExcelで編集して、レポートに写すことができます。

Rの関数

- **回帰分析結果をcsvで保存**
  write.csv(summary(回帰分析の結果が保存されたオブジェクト)$coef, file = "csvファイル名.csv")

推定結果を(8.35)のモデルに当てはめると、次のようになります。

$$\begin{aligned}\widehat{score_i} = \underset{(1.034)}{18.62} \ \underset{(-0.569)}{-3.70} \ d\_year2 \ \underset{(-1.249)}{-8.28} \ d\_year3 \ \underset{(-2.067)^{*}}{-14.75} \ d\_year4 \\ \underset{(3.544)^{***}}{+2.52} \ attend\_num_i\end{aligned} \tag{8.36}$$

ここで( )内の数値は t 値です。*** は有意水準0.1%で、* は有意水準5%で、それぞれ有意にゼロと異なることを示します。d_year2、d_year3 の推定値が統計的に有意ではないため、出席回数が同じであるときに、一年生、二年生、三年生間の期末試験得点の違いはあるとは言えませんが、d_year4 の推定値は有意水準5%で有意であるため、四年生は一年生と比べて、14.75点低いことが分かります。同じ学年で、出席回数が1回増えると期末試験得点が2.52点上がる傾向があります。

8.6 ダミー変数が被説明変数の場合の回帰分析

1 線形確率モデル

被説明変数 y がダミー変数の場合でも回帰分析を行うことができます。この場合、線形回帰モデルを書くと、次の(8.37)式になります。

$$y_i = \alpha + \beta_1 x_{1i} + \beta_2 x_{2i} + \cdots + \beta_k x_{ki} + \epsilon_i \tag{8.37}$$

ただし、$x_{1i}, x_{2i}, \ldots, x_{ki}$ は個人 i の k 個の説明変数を表します。この場合、y_i の予測は $y_i = 1$ となる確率 $P(y_i = 1)$ を推定すると考えられています。確率を説明する線形の回帰式なので、**線形確率モデル**(linear probability model)と呼ばれます。x_1 が連続変数の場合は、β_1 は、x_1 が1単位増えたときに、$y = 1$ が生じる確率が β_1 だけ増えることを示します。x_1 がダミー変数の場合は、β_1 は、x_1 の基準グループと比較して、$y = 1$ が生じる確率が β_1 だけ高いことを示します。また、線形確率モデルも最小二乗法で推定することができます[*6]。

線形確率モデルの問題点

線形確率モデルは、確率を線形モデル化しているので、モデルから予測される確率は、1を超える値や負の値を取り得ます。しかし、確率は必ず0と1の間にあるので、線形確率モデルを使用するとモデルからの結果の解釈が困難になる場合があります。線形確率モデルの問題点を考慮して、モデルから予測される確率が常に0と1の間に入るように構築されたモデルとしては、プロビットモデルとロジットモデルがあります。興味のある方は、Web付録の 8A.2 節を参照してください。

*6 しかし、線形確率モデルは常に分散不均一であることが知られ、係数推定量の標準誤差を求める際に、注意しなければなりません。興味のある方は、Web付録の 8A.3 節を参照してください。

2 Rによる演習：線形確率モデル分析

例8.9：学生アルバイトの線形確率モデル

大学には、アルバイトをしている大学生とアルバイトをしていない大学生がいます。それでは、どのような大学生がアルバイトをしているのでしょうか。ここでは「学生生活アンケート」のデータを用いて、次の線形確率モデルを考えます。

$$\begin{aligned} work_i =& \alpha + \beta_1\ male_i + \beta_2\ international\_st_i + \beta_3\ d\_year2 \\ &+ \beta_4\ d\_year3 + \beta_5\ d\_year4 + \epsilon_i \end{aligned} \tag{8.38}$$

ただし、被説明変数 $work$ は、アルバイトをしているなら1、していないなら0を取るダミー変数、$male$ は男性なら1、女性なら0取るダミー変数、$international\_st$ は留学生なら1、そうでないなら0を取るダミー変数、d_year2 、d_year3 、d_year4 はそれぞれ、二、三、四年生なら1、そうでないなら0を取るダミー変数を表します。

まず、例5.12でも使った、学生生活アンケートを、データフレームdf_surveyに読み込みます。

リスト8.19　read.csv関数によるデータの読み込み

```
01  df_survey <- read.csv("../data/student_survey2018/student_survey2018_
    data.csv", header=TRUE)  学生生活アンケート2018
```

次に、df_surveyから分析に用いる変数を抽出して、分析用のデータフレームを作成します。

リスト8.20　変数名の変更

```
01  > part_job <- df_survey$Q42  アルバイトをしているか
02  >
03  > sex <- df_survey$Q2  性別
04  >
05  > international_st <- df_survey$Q6  留学生かどうか
```

ただし、学年を示す変数については注意が必要です。summary関数は、質的変数の場合、データに含まれる項目の度数を求めてくれます。下記のように、summary(school_year)でこの変数の度数を見ると、元データには、少数ですが、5年生、教員、修士・博士課程の学生が含まれます。しかし、ここでは、これらの数は少ないし、四年生までの学部生に注目して分析したいので、分析には使わないことにします。

リスト8.21　質的変数へのsummary関数の適用

```
01  > school_year <- df_survey$Q4   学年
02  > summary(school_year)
03             1年          2年            3年           4年
04             273          188             54            29
05             5年          教員     修士課程2年  博士後期課程3年
06               1            1              1             1
```

分析から除く方法として、これらの観測値を欠損値NAにすることにします。具体的には次のようなコードを書き、実行します。欠損値は4件含まれることが分かります。

リスト8.22　データ構造の変更

```
01  > school_year[school_year=="5年"] <-NA
02  > school_year[school_year=="修士課程2年"] <-NA
03  > school_year[school_year=="博士後期課程3年"] <-NA
04  > school_year[school_year=="教員"] <-NA
05  > school_year <- factor(school_year)   school_yearを四つのlevelsに再定義
06  > summary(school_year)
07   1年  2年  3年  4年 NA's
08   273  188   54   29    4
```

以上のように加工した変数を、data.frame関数を使って、分析用データフレームdf_part_jobを作成します。分析の前に、冒頭6行を出力して、データを把握します。

リスト8.23　アルバイト分析用データフレーム

```
01 > df_part_job <- data.frame(df_survey$id, part_job, sex, international_
   st, school_year)
02 > head(df_part_job)
03   df_survey.id   part_job  sex international_st school_year
04 1            0 していない 男性 留学生ではない。        <NA>
05 2            1   している 男性 留学生ではない。         1年
06 3            2   している 女性   留学生である。         1年
07 4            3   している 男性 留学生ではない。        <NA>
08 5            4   している 男性 留学生ではない。         1年
09 6            5   している 女性 留学生ではない。         1年
```

これより、part_job、sex、international_st、school_year、の4列が文字列となっていることが確認できます。線形確率モデルも最小二乗法で推定するので、7.1節のようにlm関数を使って回帰分析を行います。しかし、文字列のままでは被説明変数として使えないので、アルバイトをしているなら1、していないなら0を取るダミー変数part_job_dを追加します。

リスト8.24　アルバイトダミー変数

```
> df_part_job[which(df_part_job$part_job=="している"), "part_job_d"]<-1
> df_part_job[which(df_part_job$part_job=="していない"), "part_job_
d"]<-0
> summary(df_part_job$part_job_d)
   Min. 1st Qu.  Median    Mean 3rd Qu.    Max. 
 0.0000  1.0000  1.0000  0.8376  1.0000  1.0000 
```

説明変数となる列sex、school_year、international_stに関しても、ダミー変数としてモデル(8.38)に入れるために、8.2節の1の方法1のように0と1を取るダミー変数を作成してもいいし、方法2のように文字列そのままlm関数に入れてもいいです。どちらの方法でも基準グループを正しく指定しておくことが重要です。ここでは、方法2のやり方でコードを書きます。まず、基準グループを確認して、各ダミー変数の定義と合うように、適宜に基準グループを変更します。留学生変数international_stは、「留学生ではない」を基準カテゴリーにしたいので、relevel

関数を用いて再定義します。

リスト8.25 levels関数によるデータの確認

```
01 > levels(df_part_job$sex)
02 [1] "女性" "男性"
03 > levels(df_part_job$school_year)
04 [1] "1年" "2年" "3年" "4年"
05 > levels(df_part_job$international_st)
06 [1] "留学生である。"   "留学生ではない。"
07 > ## relevel international_st
08 > df_part_job$international_st<- relevel(df_part_job$international_st,
   ref="留学生ではない。")
09 > levels(df_part_job$international_st)
10 [1] "留学生ではない。" "留学生である。"
```

次に、lm関数を使ってアルバイトダミー変数part_job_dを説明変数に回帰します。

リスト8.26 回帰分析

```
01 > part_job_result <- lm(part_job_d ~ sex +international_st +school_year
   , df_part_job)
02 > summary(part_job_result)
03 
04 Call:
05 lm(formula = part_job_d ~ sex + international_st + school_year,
06     data = df_part_job)
07 
08 Residuals:
09      Min       1Q   Median       3Q      Max
10 -0.96175  0.04116  0.13179  0.16542  0.44077
11 
12 Coefficients:
13                                Estimate Std. Error t value Pr(>|t|)
14 (Intercept)                     0.84972    0.02833  29.989  < 2e-16 ***
```

```
15  sex男性                         -0.09064   0.03122  -2.903  0.00385 **
16  international_st留学生である。 -0.19986   0.06765  -2.954  0.00327 **
17  school_year2年                  0.10912   0.03412   3.198  0.00146 **
18  school_year3年                  0.11203   0.05370   2.086  0.03744 *
19  school_year4年                  0.07550   0.07010   1.077  0.28197
20  ---
21  Signif. codes:  0 '***' 0.001 '**' 0.01 '*' 0.05 '.' 0.1 ' ' 1
22
23  Residual standard error: 0.3585 on 538 degrees of freedom
24    (4 observations deleted due to missingness)
25  Multiple R-squared:  0.05404,   Adjusted R-squared:  0.04525
26  F-statistic: 6.147 on 5 and 538 DF,  p-value: 1.494e-05
```

線形確率モデルは、被説明変数が1となる確率をモデル化していると考えられるので、上記の回帰結果より、アルバイトをする確率は、男性は女性に比べて9.1%ポイント低く、留学生は国内出身学生より20.0%ポイント低いことが分かります。また、基準とした1年生と比べて、2年生のアルバイトをする確率は10.9%ポイント高く、3年生は11.2%ポイント高いことが分かります[*7]。分析に用いたschool_yearは欠損値が含まれた変数ですが、この分析結果の下方に(4 observations deleted due to missingness)とあるように、Rは欠損値を含む観測値を分析から自動的に除外します。

8.7 まとめ

この章では、ダミー変数を含む回帰分析の方法を説明してきました。

- ダミー変数のみを説明変数とする回帰分析
- ダミー変数と連続変数を説明変数とする回帰分析
- ダミー変数との交差項を含む回帰分析
- 複数のダミー変数を含む回帰分析

*7 係数の統計的有意性を見たい場合は、不均一分散に対応した標準誤差を求める必要があります。Rでは、estimatrパッケージのlm_robust関数を使えばいいです。詳細は、Web付録のA8.3節を参照してください。

これらを分析例として試験成績と出席回数の回帰モデルを用いて説明してきました。説明変数にダミー変数を含む回帰モデルでの、回帰係数の解釈では、ダミー変数が取り得る1と0を回帰式に代入して見ることが重要です。

被説明変数をダミー変数とする回帰式として線形確率モデルについても取り上げました。線形確率モデルは、多くの分析でも使われています。

今後の課題についても述べておきたいと思います。本章では例として、試験の成績と出席回数の回帰モデルについて取り上げました。この背後には、出席回数が多いほど、成績がよくなるという、出席回数から成績への因果関係が存在するという前提があります。しかし、この前提は常に成立するものでしょうか。皆さん、すぐ思いつくように、出席には、学習意欲も関係すると考えられます。ですが、学習意欲は変数として観測されないので、誤差項 ϵ_i に含まれると考えられます。すると、出席回数と誤差項 ϵ_i の間には相関が出てきます。このような相関は、最小2乗推定量に偏りを生じさせることが知られています。この問題への対処方法として、**操作変数** (instrumental variable) の利用が考えられますが、本書の扱う範囲を超えますので、星野・田中(2016、11章)を参照ください。

CHAPTER 9 レポートの作成

これまで述べてきた分析手法を用いてデータを分析して、分析が終了するのではありません。これらの分析結果を人に伝えて、はじめて分析結果が意味を持つことになります。大学でのレポート作成方法を紹介した文献は数多くあります[*1]。これらも参考にしつつ、本章では、これまでに紹介してきた分析結果を文章としてまとめる方法について述べます。大学での講義の課題として出されるレポートの作成を例として説明します。

9.1 レポートの構成

本章では、次のような課題に対するレポートを作成する場合に必要になる、表の作成と文章の執筆について説明します。

*1　たとえば、次のような文献があります。学習技術研究会（2019）は、文献検索の方法からレポートの執筆まで、レポートの作成に関して必要な内容が簡潔にまとめられています。データや図を用いる文章の作成で参考になる文献として木下（1981, 1994）があります。木下（1981）のタイトルは『理科系の作文技術』ですが、文系でも十分参考になります。

本書で分析してきたデータセット（都道府県データ、学生生活アンケート）の中から、関心のある変数を被説明変数（目的変数）y、別の変数を説明変数 x として回帰分析を行い、分析結果を解釈し、考察しなさい。

1 レポート本文の構成

本文を書き出す前に、レポートの構成を作り、何を書くかを明らかにすることを勧めます。**図9.1**は、レポートの構成例を示しています。

ここでは、4章の例4.11で取り上げた都道府県データ「都道府県データ2019.xlsx」を使用して、消費を所得のスマートフォン所有率で説明する回帰分析の結果をレポートとしてまとめることにします。

1. はじめに
   - レポート作成の目的
   - 既存の文献で示されていることへの言及
   - レポートの内容紹介と結論
2. 分析方法の説明
   - 回帰式の説明
3. データの説明
   - 分析に用いるデータの説明
   - 分析データの記述統計量
4. 分析結果
   - 分析結果表を示し、その結果から分かることをまとめる
5. おわりに
   - 結論、今後の課題をまとめる

図9.1　レポートの構成

9.2 図表の作成

この節では、Excelの分析ツールを用いて分析した結果を表にまとめる方法を、具体例を通して説明します。

Excelで分析をする場合は、データそのものは変更せずに保存するようにしてください。そして、分析用データをコピーして、別にファイルを作成しておくようにします。パソコンの状態により、急にファイルを保存できなくなることや、開けなくなることもあるので、重要な情報は別のファイルに保存しておくようにします。

たとえば、ここでの分析例では都道府県データ「都道府県データ2019.xlsx」を分析しますが、直接このファイルを加工するのではなく、このファイルをコピーした「都道府県データ2019_消費分析.xlsx」のようなファイルを作成し、このファイルを加工していきます。

1 変数表の作成

データには、都道府県データ「都道府県データ2019.xlsx」を使用します。このデータは実際には、「統計で見る日本/データ表示(都道府県データ)」[*2]を用いて検索し、収集しましたが、選択したデータとその出所をまとめた表を作成するとよいです。その際、単位などに不明な点がある場合には、データのもととなった調査名も「出所」として記すようにします。

図9.2のように変数表のシートをExcelファイルに作成しておきます。その際、A列にはデータでの変数名をコピーして貼り付けます。それに合わせて、レポートで使う「変数名」、「定義」と続けます。必要な部分をコピーして、**表9.1**のようにWordに貼り付けます。

*2 統計で見る日本/データ表示(都道府県データ) https://www.e-stat.go.jp/regional-statistics/ssdsview/prefectures

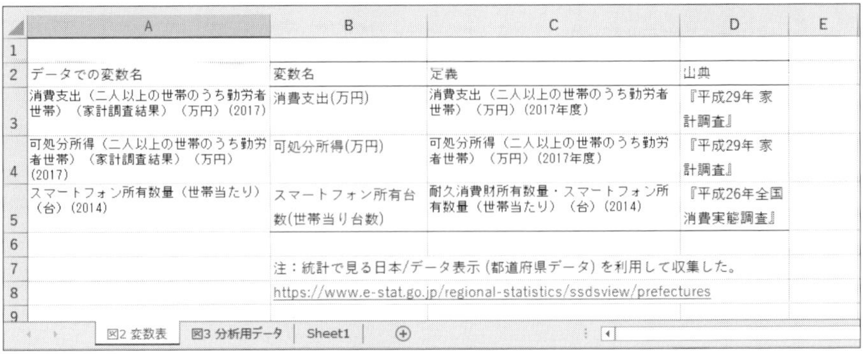

	A	B	C	D	E
1					
2	データでの変数名	変数名	定義	出典	
3	消費支出（二人以上の世帯のうち勤労者世帯）（家計調査結果）（万円）（2017）	消費支出(万円)	消費支出（二人以上の世帯のうち勤労者世帯）（万円）（2017年度）	『平成29年 家計調査』	
4	可処分所得（二人以上の世帯のうち勤労者世帯）（家計調査結果）（万円）（2017）	可処分所得(万円)	可処分所得（二人以上の世帯のうち勤労者世帯）（万円）（2017年度）	『平成29年 家計調査』	
5	スマートフォン所有数量（世帯当たり）（台）（2014）	スマートフォン所有台数(世帯当り台数)	耐久消費財所有数量・スマートフォン所有数量（世帯当たり）（台）（2014）	『平成26年全国消費実態調査』	
6					
7		注：統計で見る日本/データ表示（都道府県データ）を利用して収集した。			
8		https://www.e-stat.go.jp/regional-statistics/ssdsview/prefectures			

図2 変数表　図3 分析用データ　Sheet1

図9.2　Excelファイルでの変数表シート

表9.1　分析に用いた変数の定義とその出典

変数名	定義	出典
消費支出（万円）	消費支出（二人以上の世帯のうち勤労者世帯）（万円）（2017年度）	『平成29年 家計調査』
可処分所得（万円）	可処分所得（二人以上の世帯のうち勤労者世帯）（万円）（2017年度）	『平成29年 家計調査』
スマートフォン所有台数（世帯当たり台数）	耐久消費財所有数量・スマートフォン所有数量（世帯当たり）（台）（2014年度）	『平成26年全国消費実態調査』

注：統計で見る日本/データ表示（都道府県データ）を利用して収集した。
https://www.e-stat.go.jp/regional-statistics/ssdsview/prefectures

2 記述統計表の作成

データをコピーして、分析用データとして別のシートに保存します。

まず、データの記述統計の表を作成します。**図9.3**のように、データの保存されている範囲を選択して、「データ」タブより「データ分析」→「基本統計量」を選択します。「入力範囲」を選択し、「先頭行をラベルとして使用」、「統計情報」にチェックを入れます。

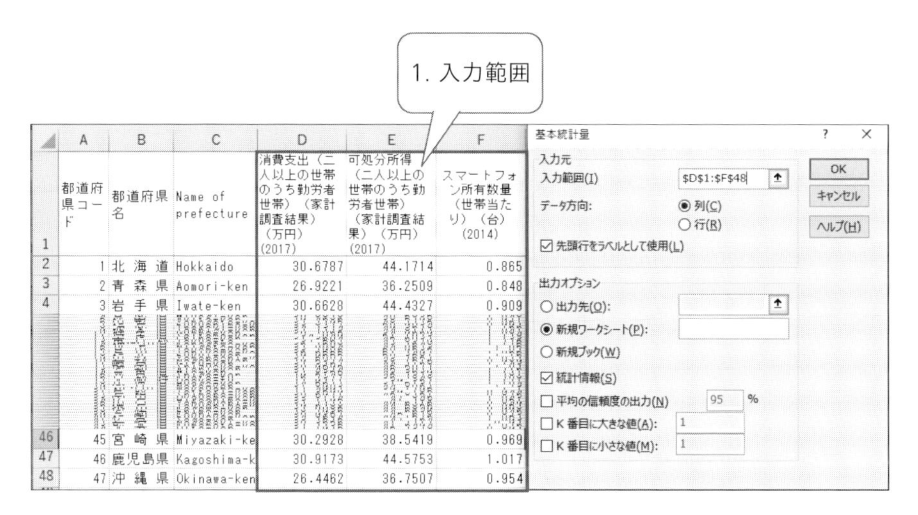

図9.3　記述統計量の計算

別のシートに分析結果が表示されます。変数名を示すセルが1行で表示されている場合には、1行目の変数名のセルを選択して、「折り返して全体を表示する」を選択すると見やすくなります(**図9.4**)。

	A	B	C	D	E	F
1	消費支出（二人以上の世帯のうち勤労者世帯）（家計調査結果）（万円）(2017)		可処分所得（二人以上の世帯のうち勤労者世帯）（家計調査結果）（万円）(2017)		スマートフォン所有数量（世帯当たり）（台）(2014)	
2						
3	平均	31.25551	平均	43.79125	平均	1.051085
4	標準誤差	0.397582	標準誤差	0.678283	標準誤差	0.016591
5	中央値（メジアン	31.3604	中央値（メジアン	44.5753	中央値（メジア	1.052
6	最頻値（モード）	#N/A	最頻値（モード）	#N/A	最頻値（モード	1.07
7	標準偏差	2.725687	標準偏差	4.650073	標準偏差	0.113744
8	分散	7.429372	分散	21.62318	分散	0.012938
9	尖度	0.265925	尖度	-0.08751	尖度	-0.44254
10	歪度	-0.12119	歪度	-0.40113	歪度	-0.07862
11	範囲	12.9998	範囲	20.2361	範囲	0.455
12	最小	24.5672	最小	31.5131	最小	0.826
13	最大	37.567	最大	51.7492	最大	1.281
14	合計	1469.009	合計	2058.189	合計	49.401
15	データの個数	47	データの個数	47	データの個数	47

図9.4　基本統計量の出力結果

図9.4のC列、E列の3から15行目までの記述統計量の名称は不要なので、1行目のセルを一つ右に移動して、記述統計量の値が示されているB、D、F列の1行目を変数名とします。その後にC、E列を削除します。

分析の目的に応じて、レポートに掲載する記述統計量を選択します。ここでは最低限、よく使われる、平均、標準偏差、観測値数のみを残し、他の記述統計量を削除します(**図9.5**)。

	A	B	C	D
1		消費支出（二人以上の世帯のうち勤労者世帯）（家計調査結果）（万円）(2017)	可処分所得（二人以上の世帯のうち勤労者世帯）（家計調査結果）（万円）(2017)	スマートフォン所有数量（世帯当たり）（台）(2014)
2				
3	平均	31.25551064	43.79125319	1.051085
4	標準偏差	2.725687451	4.650072769	0.113744
5	データの個数	47	47	47

図9.5　基本統計量の出力結果

図9.5で示された表を、そのままWordに貼り付けてもよいのですが、もし変数の数が増えると横に長くなり、A4縦長用紙にレポートをまとめにくくなります。そこで、変数の数が多くなっても良いように、次のようにして、縦(行)と横(列)を入れ替えます。

1. 新しい基本統計量の表を作成するために、新たにシートを作成します。
2. コピーしたい図9.5にある表のA1からD5までを選択してコピーします。
3. 次に、コピーした表を、新たに作成したシートに貼り付けますが、「形式を選択して貼り付け」を選びます。出てきたウィンドウで**図9.6**のように「行/列の入れ替え」をチェックして、「OK」を押します。

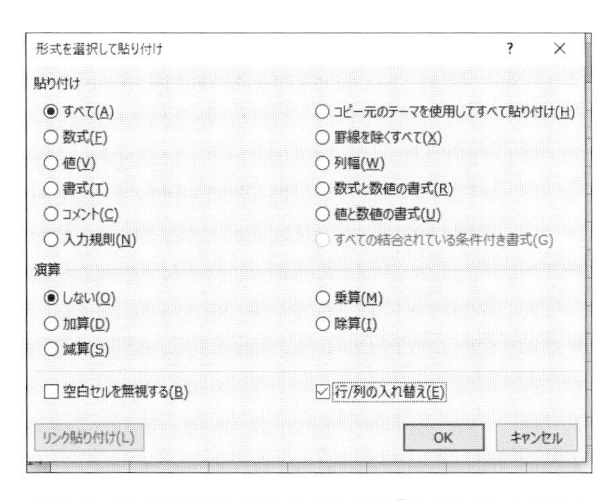

図9.6　形式を選択して貼り付けでの「行/列の入れ替え」

さらに**図9.7**のように、B列に1列を挿入します。ここには、変数表で作成した、レポートで使う「変数名」を書きます。このとき、**VLOOKUP関数**を使用して「データの変数名」から「レポートの変数名」を入力すると便利です。

	A	B	C	D	E
1					
2		変数名	平均	標準偏差	データの個数
3	消費支出（二人以上の世帯のうち勤労者世帯）（家計調査結果）（万円）(2017)	=VLOOKUP(A3, 変数表!$A$3:$B$5, 2, FALSE)			47
4	可処分所得（二人以上の世帯のうち勤労者世帯）（家計調査結果）（万円）(2017)	VLOOKUP(検索値, 範囲, 列番号, [検索方法]) 可処分所得(万円)	43.79125	4.650073	47
5	スマートフォン所有数量（世帯当たり）（台）(2014)	スマートフォン所有台数(世帯当り台数)	1.051085	0.113744	47
6		観測値数	47		
7					

◀ ▶ ...｜記述統計 (2)｜記述統計 (3)｜記述統計(4)｜記述統計表｜回 ...

図9.7　記述統計表

Excel：VLOOKUP関数

VLOOKUP(検索値, コード表の範囲, 入力したいコード表の列番号, FALSE)

※FALSE：完全一致

VLOOKUP関数の「検索値」は、コード表と同じ内容の入っているセルを選択します。「コード表の範囲」は変数表になります。「入力したいコード表の列番号」には、検索値の内容と対応する、入力したいコード表の列番号を書きます。最後のFALSEは、参照列のセルとコード表の2列目のセルとが「完全一致」を示す場合に置き換えることの指示を示します。

VLOOKUP関数の入力は、次のようにします。

1. 「=VLOOKUP(A3,」まで入力したら、「変数表」のシート（図9.2）をマウスで選択して、コード表の部分をマウスで選択します。すると、移動したシートの「数式バー」のところに、「VLOOKUP(A3,変数表!A3:B5」と出ます。
2. ここでA3:B5は絶対参照にしたいので、$の記号を入力し、$A$3:$B$5とします。
3. A3と変数表の1列目とが合致したら、2列目の内容を入力してほしいので、「入力したいコード表の列番号」には2として「VLOOKUP(A3, 変数表!$A$3:$B$5, 2」と書きます。
4. コード表の1列目と、記述統計表の1列目が完全に合致した場合には、入力を実行させたいので、完全一致を示す「FALSE」を入力して、Enter キーを押します。
5. 入力確認後、B3の右下をマウスでB5までドラッグして、B3の内容をB4とB5にもコピーします。

図9.5より、観測値数を示す「データの個数」は47と同一なので、表の下側に書くことにします。平均や標準偏差の小数点以下の桁数を適当にそろえます。ここでは3桁までにそろえました。**表9.2**が完成した表です。この表をWordに貼り付けるときには、図として貼り付けても、編集可能な表として貼り付けてもよいです。

表9.2　消費分析に使用するデータの記述統計量

変数名	平均	標準偏差
消費支出（万円）	31.256	2.726
可処分所得（万円）	43.791	4.650
スマートフォン所有台数（世帯当たり台数）	1.051	0.114
観測値数	47	

3 回帰分析の推定結果表の作成

Excelの分析ツールに基づく結果からの作成

回帰分析を実行し、回帰分析の表を作成します。

まず、分析用データのシートに戻り、「データ」タブより「データ分析」→「回帰分析」を選択します。変数名を含めてYとXの範囲を選択し、「ラベル」にチェックを入れます。出力オプションは「新規ワークシート」にします（**図9.8**）。

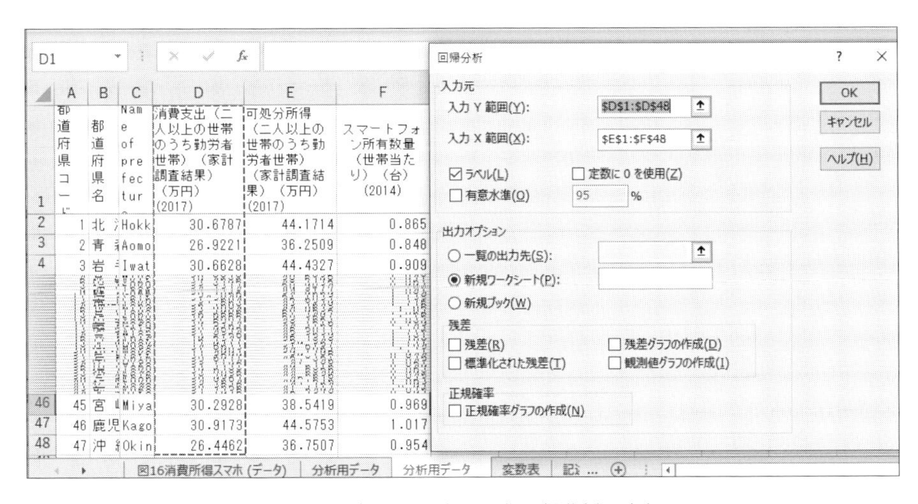

図9.8　分析ツールを用いた回帰分析の実行

回帰分析の結果が出力されたワークシート名を「回帰1」としておきます。1を付けたのは、「回帰2、回帰3、」と別の回帰分析のシートが追加される可能性を考慮しています。

次のこのシートをコピーして、「回帰1（表）」というシートを作成します。元の回帰分析の結果表は保存しておき、コピーしたシートを用いて表を作成します。

図9.9のように、3番目の係数推定結果の表をもとに作成します。式のデータへの当てはまりを示す決定係数から観測数までの統計量は、コピーして3番目の表の下に貼り付けます。

	A	B	C	D	E	F	G	H
15								
16			係数	標準誤差	t	P-値		下限 95%
17	切片	切片	10.052	3.435	2.927	0.005	***	3.130044
18	可処分	=VLOOKUP(A18,'図2 変数表'!$A$3:$B$5, 2, FALSE)				0.000	***	0.298546
		ス VLOOKUP(検索値, 範囲, 列番号, [検索方法])						
19	スマー	数(世帯当り台数)	2.693	2.455	1.097	0.279		-2.25464
20								
21	重決定	決定係数	0.547					
22	補正 R2	自由度調整済決定係数	0.526					
23	標準誤	残差標準誤差	1.876					
24	観測数	観測値数	47					
25								

図9.9　回帰分析の結果表の作成

次にレポート用の変数名をvlookup関数を用いて、データの変数名の隣に入力します。

1. B列に新しい列を挿入します。
2. 切片は、そのまま切片とします。
3. B18に、vlookup関数を用いて、データの変数名を隣に入力します(図9.9)。
4. 入力が確認されたら、B18右下角をB19にもドラッグします。

また、Excel特有の統計量の名称を一般的な名称に変更します。「重決定 R2」は「決定係数」に、「補正 R2」は「自由度調整済決定係数」に、「標準誤差」は「残差標準誤差」に、「観測数」は「観測値数」に変換します。

P 値と下限95%の間に1列、新しい列を挿入して、検定結果を示す記号を記入しておきます。この記号は、有意水準1%で有意な場合には「***」、5%水準で有意な場合には「**」、10%水準で有意な場合には「*」とします。これは、次のような順序で入れていきます。

- step1：p 値が有意水準0.01 (1%) より低い場合には「***」、そうでない場合にはstep2へ
- step2：p 値が有意水準0.05 (5%) より低い場合には「**」、そうでない場合にはstep3へ
- step3：p 値が有意水準0.1 (10%) より低い場合には「*」、そうでない場合には記号なし。

より一般的には、IF関数を用いると便利です。

Excelの関数：IF関数

IF(条件式, 条件が当てはまる場合, 条件が当てはまらない場合)

これを用いると、次のように書くことができます。*** は文字列なので、"***" のように引用符で囲みます。記号なしの場合には、引用符 "" だけとします。

- IF(p 値<0.01, "***", step2)
- IF(p 値<0.05, "**", step3)
- IF(p 値<0.1, "*", "")

こう考えると、以上の内容を次のように1行にまとめることができます。

- IF(p 値<0.01, "***", IF(p 値<0.05, "**", IF(p 値<0.1, "*", "")))

図9.10のように、p 値が、セルF17に入力されている場合には、次のように書きます。

=IF(F17<0.01, "***", IF(F17<0.05, "**", IF(F17<0.1, "*", "")))

これをコピーして、セルF18, F19に、貼り付けることにより、これらのセルにも記号を入力することができます。

9

G17　=IF(F17<0.01, "***", IF(F17<0.05, "**", IF(F17<0.1, "*", "")))

	A	B	C	D	E	F	G	H	I
15									
16			係数	標準誤差	t	P-値		下限 95%	上限 9
17	切片	切片	10.052	3.435	2.927	0.005	***	3.130044	16.97
18	可処分	可処分所得(万円)	0.420	0.060	6.987	0.000	***	0.298546	0.540
19	スマー	スマートフォン所有台数(世帯当り台数)	2.693	2.455	1.097	0.279		-2.25464	7.639
20									
21	重決定	決定係数	0.547						
22	補正 R2	自由度調整済決定係数	0.526						
23	標準誤	残差標準誤差	1.876						
24	観測数	観測値数	47						

図9.10　回帰分析の結果表の作成

最後に必要な部分のみをコピーして、Wordに貼り付けます。

表9.3　消費支出の回帰分析の結果

変数	係数	標準誤差	t	P-値	
切片	10.052	3.435	2.927	0.005	***
可処分所得（万円）	0.420	0.060	6.987	0.000	***
スマートフォン所有台数（世帯当たり台数）	2.693	2.455	1.097	0.279	
決定係数	0.547				
自由度調整済決定係数	0.526				
残差標準誤差	1.876				
観測値数	47				

注：被説明変数は、消費支出（万円）。*** は1% 水準、** は5% 水準、* は10% 水準でそれぞれ有意であることを示す。

4 Rの分析結果からの表の作成

ここでは、Rの分析結果から、分析結果を報告用にまとめた表を作成する方法を説明します。例として、ここでは、8章の例8.9でも推定した学生アルバイトの線形確率モデルの分析結果をまとめる場合を説明します。

パッケージの利用

Rでは、専門的な分析に必要なコードがまとめられたパッケージを利用することができます。Rでは、記述統計や回帰分析の分析結果を表にまとめるパッケージ`stargazer`を利用できます。このパッケージを利用して、レポートに使える表を作成します。

Rの関数：分析結果をまとめた表の作成（パッケージ：stargazer）

- **記述統計分析**
  stargazer(データフレーム, type="text")
- **回帰分析結果のまとめ**
  stargazer(part_job_result_1, part_job_result_2, type="text")

ここでtype="text"は、テキストファイルに出力するためのオプションです[*3]。

記述統計分析と回帰分析で分析したデータを同一にそろえるために、na.omit(データフレーム)関数を用いて、欠損値を除いたデータフレームを作成してから記述統計を求め、回帰分析を実行します。Rのスクリプトは10_report.Rとなります。

リスト 9.1　stargazerによる回帰分析結果のまとめ

```
01  > df_part_job <- na.omit(df_part_job)  欠損値の含む観測値を除去
02  > # install.packages("stargazer")  パッケージのインストール（1度実行すればよい）
03  > library("stargazer")  パッケージの読み込み
04  >
05  > part_job_result_1 <- lm(part_job_d~ male +international_st , df_part_
    job)  回帰分析
06  > summary(part_job_result_1)
07  ……  出力結果は省略
08
09  > part_job_result_2 <- lm(part_job_d~ male +international_st +year_2
    +year_3 +year_4 , df_part_job)  学年ダミー変数を追加した場合
10  > summary(part_job_result_2)
11  ……  出力結果は省略
```

ダミー変数を用いた回帰分析を実行する場合、Rでは二つの方法があることを8.2節の2で紹介しました。ダミー変数を作成して分析をする場合(方法1)と、カテゴリーデータを直接用いる場合(方法2)の二つの方法です。ここでは、ダミー変数の記述統計量も知りたいので、学年ダミー変数を含むpart_job_result_2を求めるために、方法1により学年ダミー変数(year_1(基準グループ)、year_2、year_3、year_4)を作成して分析をしています。

記述統計分析表の作成

上記の分析に用いたデータの記述統計分析として、stargazer関数を用いてデータフレームに含まれる連続変数の記述統計量を求めることができます。観測値数

*3　本書では取り上げることができませんでしたが、stargazerは電子組版ソフトLaTeXで使える表を出力することもできます。この場合にはtype="latex"とします

(N)、平均(Mean)、標準偏差(St. Dev.)、最小値(Min)、第1四分位値(Pctl(25))、第2四分位値(Pctl(75))、最大値(Max)の値が表にまとめられています。

リスト9.2　stargazerを利用した記述統計

```
01  > stargazer(df_part_job, type="text")
02  ============================================================
03  Statistic          N   Mean   St. Dev.  Min  Pctl(25)  Pctl(75)  Max
04  ------------------------------------------------------------
05  id                544 275.864 158.620   1    139.8     412.2    550
06  part_job_d        544  0.840   0.367    0      1         1        1
07  male             544  0.568   0.496    0      0         1        1
08  international_st   544  0.055   0.228    0      0         0        1
09  year_1            544  0.502   0.500    0      0         1        1
10  year_2            544  0.346   0.476    0      0         1        1
11  year_3            544  0.099   0.299    0      0         0        1
12  year_4            544  0.053   0.225    0      0         0        1
```

レポートにする場合には、さらにこの表を整理する必要があります。ここではExcelに貼り付けて整理します(**図9.11**)。

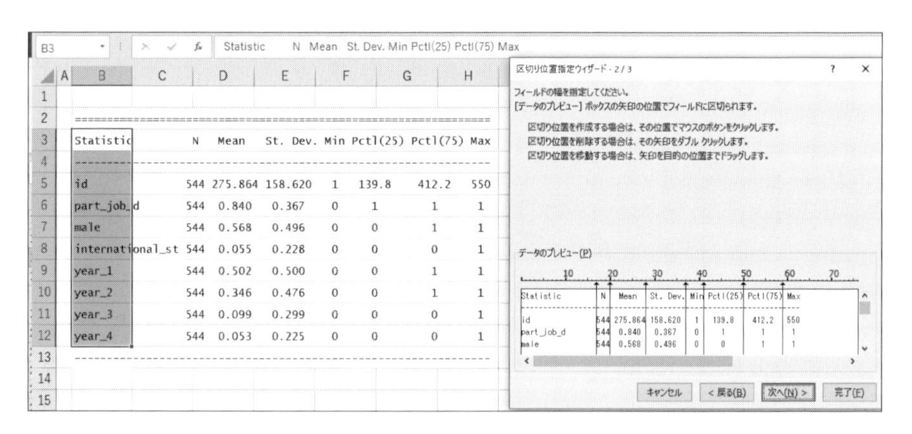

図9.11　Excel区切り位置ウィザードを用いた表の作成

1. Rでの出力結果を選択してコピーします。
2. 次に、Excelを起動して、シートのB2のセルに貼り付けます。A列や1行目は、後で記入する場合に備えて空白にしておきます。Excelに貼り付けると、一つのセルに1行の内容が貼り付けられます。図9.11の「数式バー」にはセルB3の内容が表示されており、一つのセルの中に1行の内容が入力されています。
3. 貼り付けたB3からB12のセル全体を選択し(図9.11)、「データ」タブより「区切り位置」を選びます(「データ」タブ→「区切り位置」)。
4. 区切り位置指定ウィザードのウィンドウが出現します。「スペースによって右または左にそろえられた固定長フィールドのデータ(W)」を選択し、「次へ」進みます。ここでうまく貼り付けられていなくても、最終的にExcelのシート上で調整できます。
5. データのプレビュー画面で、分割されているかを確認します。「次へ」進みます(図9.11)。
6. 「区切ったあとの列のデータ形式」選択画面が出るので、「標準」でよいです。データのプレビュー画面を確認後、「完了」を押します。
7. 最終的にExcelのシートを調整します。

Excelのシートでは、最終的にレポートに使う表を作成します。

1. 9.2節の1で示したように、分析に用いた変数名`part_job_d`などが何を示しているかを示す変数表のシートを用意します。ここでは、シート名を「変数表」としてあります。
2. 変数名の隣に1列を挿入し、**VLOOKUP関数**を用いて変数表でのレポートでの変数名を挿入します(**図9.12**のC列。数式バーにはC6の内容が表示されています)。
3. 4行目にレポートで言及する、統計量名「平均」「標準偏差」など、を書いておきます。
4. 観測値数`N`はすべての変数で同一なので、13行に「観測値数」という行を用意して、セルE13に544と書きます。その後、D列は「非表示」または「削除」しておきます。
5. レポートに報告しない列(ここでは第1四分位値(`Pctl(25)`)、第2四分位値(`Pctl(75)`)、報告しない行(ここでは5行目の`id`)も、同様に「非表示」または「削除」しておきます。
6. 枠線などを整えて、作成した表をWordに貼り付けます(**表9.4**)。

C6 =VLOOKUP(B6, 変数表!$A$2:$B$9, 2, FALSE)

	A	B	C	D	E	F	G	H	I	J
1										
2		==								
3		Statistic		N	Mean	St. Dev.	Min	Pctl(25)	Pctl(75)	Max
4			変数名	---	平均	標準偏差	最小値	---------	---------	最大値
5		id	番号	544	275.864	158.62	1	139.8	412.2	550
6		part_job_d	アルバイト就業(=1)	544	0.84	0.367	0	1	1	1
7		male	男性(=1)	544	0.568	0.496	0	0	1	1
8		international_st	留学生(=1)	544	0.055	0.228	0	0	0	1
9		year_1	1年生(=1)	544	0.502	0.5	0	0	1	1
10		year_2	2年生(=1)	544	0.346	0.476	0	0	1	1
11		year_3	3年生(=1)	544	0.099	0.299	0	0	0	1
12		year_4	4年生(=1)	544	0.053	0.225	0	0	0	1
13			観測値数		544					

図9.12　Excelでの記述統計表の作成

表9.4　記述統計

変数名	平均	標準偏差	最小値	最大値
アルバイト就業(＝1)	0.84	0.367	0	1
男性(＝1)	0.568	0.496	0	1
留学生(＝1)	0.055	0.228	0	1
1年生(＝1)	0.502	0.5	0	1
2年生(＝1)	0.346	0.476	0	1
3年生(＝1)	0.099	0.299	0	1
4年生(＝1)	0.053	0.225	0	1
観測値数	544			

注:(＝1)は、該当する場合に1、それ以外では0を取るダミー変数を示します。

回帰分析結果表の作成

次に、回帰分析の結果が保存されている二つのオブジェクトpart_job_result_1とpart_job_result_2を、stargazerを用いて一つの表にまとめます。

リスト9.3　推定結果まとめ

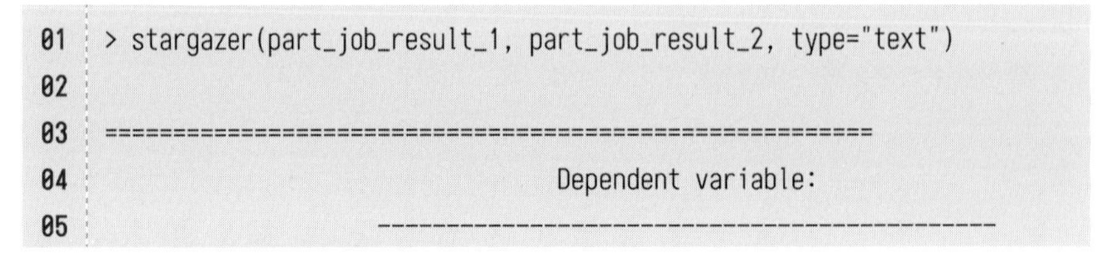

```
01 > stargazer(part_job_result_1, part_job_result_2, type="text")
02
03 ====================================================
04                               Dependent variable:
05                    ----------------------------------------
```

```
06                                  part_job_d
07                          (1)                 (2)
08  -----------------------------------------------------------
09  male                 -0.089***          -0.091***
10                        (0.031)            (0.031)
11  international_st     -0.222***          -0.200***
12                        (0.068)            (0.068)
13  year_2                                   0.109***
14                                           (0.034)
15  year_3                                   0.112**
16                                           (0.054)
17  year_4                                    0.075
18                                           (0.070)
19  Constant              0.903***           0.850***
20                        (0.024)            (0.028)
21  -----------------------------------------------------------
22  Observations            544                544
23  R2                     0.033              0.054
24  Adjusted R2            0.029              0.045
25  Residual Std. Error  0.361 (df = 541)     0.358 (df = 538)
26  F Statistic       9.194*** (df = 2; 541) 6.147*** (df = 5; 538)
27  ===================================================
28  Note:                            *p<0.1; **p<0.05; ***p<0.01
```

ここで、( )内の数値は標準誤差です。この出力結果では、本書では取り上げられていない、回帰係数全体がゼロかどうかを確認するための、F統計量も出力されていますが、レポートで直接言及しない場合には省略します[*4]。

回帰分析結果表の場合も、記述統計表の作成と同様に、Excelに貼り付けて表を整えます。

*4 もちろん、F統計量の使用方法を知っている場合には、積極的に表に含め文章でも言及してください。F検定の説明については、山本・竹内(2013)を参照ください。

9.3 文章の執筆

図表の作成が終えたら、これらをもとに文章を執筆します。この節では、レポートを書く際の節ごとの注意点を簡単にまとめます。

1 タイトル・氏名・所属

レポートの内容を表すキーワードを含むタイトルを書きます。大学でのレポートの場合、科目名をタイトルとする人もいますが、レポートの内容に相応しいタイトルを付けると良いでしょう。また、執筆者名と所属（学部や学籍番号）も忘れずに書くようにします。

2 はじめに

テーマを自由に設定できるレポートでは、テーマを決めた理由などを書きます。根拠を合わせて書くことができるとなおよいです。次に分析結果についても書きます。レポートすべてを読まずとも、「はじめに」を読むだけでも内容が分かるようにします。最後にレポートの構成についても書いておきます。

3 回帰式やデータの説明

分析に用いた回帰式やデータの説明を書きます。回帰式を先に書く場合と、データを先に書く場合とがあります。重点を置きたいほうを先に書けばよいと思います。

回帰式の説明を書く場合には、Wordの数式入力を使うとよいです。数式を書きたい部分でキーボートから、Alt、Shift、=を同時に押します（Alt＋Shift＋=と書きます）。すると、**図9.13**のように数式入力モードになります。

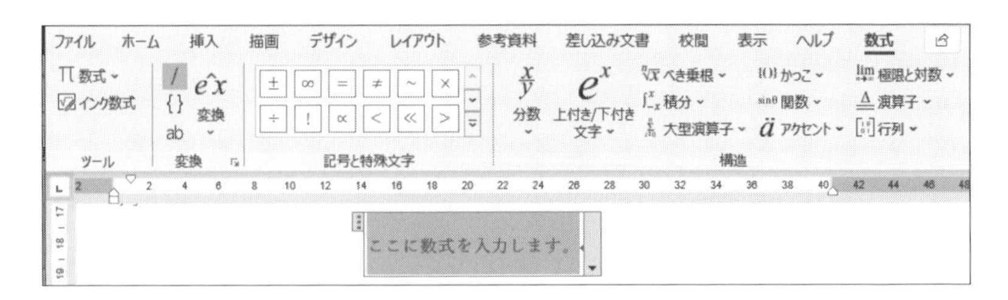

図9.13　Wordでの数式入力

新たなタブとして「数式」が出てきます。数式の記号やギリシャ文字の入力に便利です。また、数式入力のショートカットキーもあります。そのリストを付録に挙げておきます。

4 分析結果

分析結果をまとめた図表に言及しながら、分析結果から考察したことをまとめます。考察が感想文にならないように注意します。「驚いた」「面白かった」「難しかった」などのあなたの感想や感情語は書かないようにします。レポートでは、主観性はあまり必要なく、客観性を重視するからです。

5 おわりに

レポートのまとめの部分です。レポート全体を通じて分かったことをまとめます。このレポートの限界や、取り組めなかったことなども、今後の課題としてまとめておきます。

9.4 参考文献

文末には**参考文献リスト**を作り、文中の引用箇所を文中・脚注にて明示します。

- **本**
  著者名『書名』出版社、出版年
- **雑誌に掲載されている論文**
  論文著者名「論文タイトル」『雑誌名』巻、出版年、pp. 1-5
  あるいは、
  論文著者名（出版年）「論文タイトル」『雑誌名』巻、pp. 1-5
- **インターネット上の資料**
  そのページの名称とURL、閲覧した日付を書きます。
  例）内閣府（2019）「国民経済計算（GDP統計）」
  https://www.esri.cao.go.jp/jp/sna/menu.html（閲覧日：2009年10月1日）

1 参考文献の本文中での引用

参考文献リストにある文献を引用するときには、著者名(出版年)を書いて引用します。

「鈴木(2000)によれば……」

大きい本の中で、ページ数を追加したい場合には、次のように書きます。

「鈴木(2000,p.123)によれば……」

2 脚注の入れかた

和文の場合、脚注の番号は「、」や「。」の前に入れます(ただし、英文の場合にはピリオド"."の後ろに入れます)。

9.5 レポートの例

以下では、都道府県データを分析したレポートの例を示します。

スマートフォンの消費への影響に関する回帰分析

氏名

経済学部・国際経済学科

学籍番号：123456789

1.はじめに

スマートフォンの普及には、目を見張るものがある。電車に乗ると、スマートフォンの画面を見ていない人を探すのが難しいくらいである。だが、スマートフォンの本体価格や通信料金が高く、家計を圧迫しているというニュースも頻繁に聞く。実際、携帯料金値下げ法案が国会で成立したくらいである*。そこで、このレポートでは、スマートフォンの保有が、家計の消費活動にどのような影響を与えたかを調

* 電気通信事業法の一部を改正する法律：https://elaws.e-gov.go.jp/search/elawsSearch/elaws_search/lsg0500/detail?openerCode=1&lawId=359AC0000000086_20191001_501AC0000000005#1（閲覧：2019年10月5日）

べることにした。

本レポートの目的は、スマートフォンを所有することが消費に及ぼす影響について検証することである。スマートフォンが消費に与える影響には、二つの経路が存在すると考える。一つ目の経路は、スマートフォンを所有すること自体が、通信料金の増加などを通じて、消費に影響を与えることである。二つ目は、スマートフォンを持つことにより、インターネットへの接続が容易にできるようになり、インターネットを通じた消費が増えることである。

都道府県レベルのデータを用いた分析の結果、消費支出に影響を与える要因として重要なのは、可処分所得であることが分かった。スマートフォンの保有台数は諸費支出を増やす傾向を示していたが、統計的に有意な結果は得られなかった。

本稿の構成は次のとおりである。2節で分析する回帰式について説明する。3節で分析に用いたデータについて述べた。4節で回帰分析の結果を示し、5節で結論と今後のまとめについて述べた。

2. 回帰式

消費支出を、可処分所得、スマートフォン所有台数で説明する回帰式を推定することにした。これは、マクロ経済学の消費関数（福田・照山,2016）に、スマートフォン関連の変数を追加した式となる。

$$y_i = \alpha + \beta_1 x_{1i} + \beta_{2i} x_{2i} + u_i \tag{1}$$

ここで、y_i は消費支出、x_{1i} は可処分所得、x_{2i} はスマートフォン所有台数を示している。β_1 は、限界消費性向に当たり、0より大きく、1より小さい正の値が期待される。β_2 は、スマートフォンの所有が消費を増やすならば、正の符号が期待される。この回帰式を次節で述べるようなデータを用いて推定する。

3. データ

都道府県ごとのデータを用いて (1) 式を推定した。分析に用いた変数は表1のとおりである。消費支出と可処分所得は『平成29年家計調査』に基づく2017年のデータである。しかし、スマートフォン所有台数は『平成26年全国消費実態調査』による2014年のデータであり、消費や可処分所得に比べて3年の時間の遅れが存在するが、全国消費実態調査が5年に一度の調査であり、2017年のデータが利用できないので、今回はこのデータで分析を行うことにした。

表1：分析に用いた変数の定義とその出典

変数名	定義	出典
消費支出（万円）	消費支出（二人以上の世帯のうち勤労者世帯）（万円）（2017年度）	『平成29年 家計調査』
可処分所得（万円）	可処分所得（二人以上の世帯のうち勤労者世帯）（万円）（2017年度）	『平成29年 家計調査』
スマートフォン所有台数（世帯当たり台数）	耐久消費財所有数量・スマートフォン所有数量（世帯当たり）（台）（2014）	『平成26年全国消費実態調査』

注：統計で見る日本/データ表示（都道府県データ）を利用して収集した。
https://www.e-stat.go.jp/regional-statistics/ssdsview/prefectures（閲覧日：2019年10月1日）

表2は、分析に用いたデータの記述統計量である。47都道府県のデータであり、消費支出は平均31万円であり、可処分所得は43万円であることが分かる。スマートフォン所有台数は1世帯当たり1台を、平均的には所有していることが分かる。

表2：消費分析に使用するデータの記述統計量

変数名	平均	標準偏差
消費支出（万円）	31.256	2.726
可処分所得（万円）	43.791	4.650
スマートフォン所有台数（世帯当たり台数）	1.051	0.114
観測値数	47	

図1は、消費と可処分所得の散布図に回帰直線を描いた図である。これを見ると、右上がりの関係があり、可処分所得が増えると消費が増える傾向が見られる。図2は、消費とスマートフォン所有台数の散布図であり、回帰直線を書き込んでいる。これより、スマートフォン所有台数が増えると消費は緩やかに増える傾向が見られる。

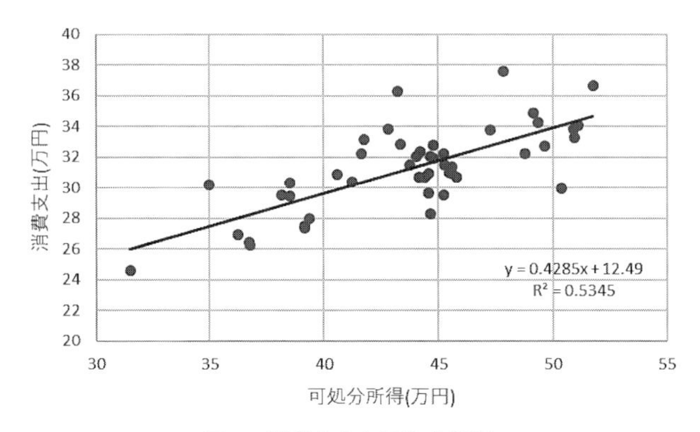

図1：消費支出と可処分所得

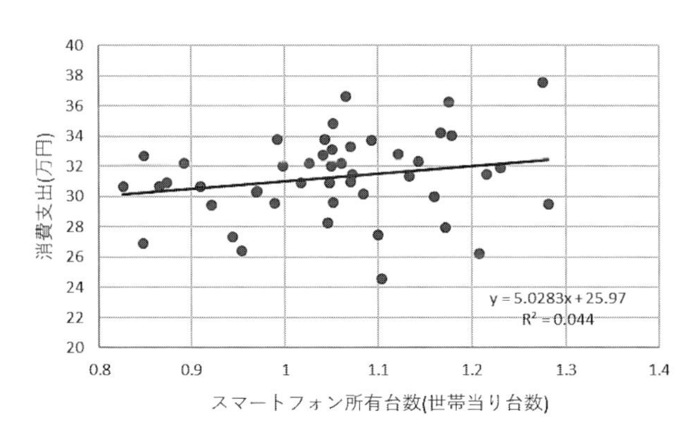

図2：消費支出とスマートフォン所有台数

4. 分析結果

表3は、(1)式の推定結果である。これより、可処分所得の係数は有意水準1%で有意にゼロと異なり、1万円可処分所得が増加すると、4,200円(0.42万円)消費支出が増加する傾向があることが分かる。次に、スマートフォン所有台数であるが、1台増えると約2.7万円の消費支出が増加する傾向があることが見られた。しかし、統計的には有意な結果は得られなかった。スマートフォンの所有台数は係数としては約2.7万円と大きな値が出てはいるが、消費に与える影響はゼロと有意に異ならなかった。したがって、スマートフォンの所有が消費を増やす方向に影響を与えているとは、必ずしも言えない。消費に対して有意な影響を与える要因として重要なのは、可処分所得であることが確認された。

表3：消費支出の回帰分析の結果

変数	係数	標準誤差	t	P-値	
切片	10.052	3.435	2.927	0.005	***
可処分所得（万円）	0.420	0.060	6.987	0.000	***
スマートフォン所有台数（世帯当たり台数）	2.693	2.455	1.097	0.279	
決定係数	0.547				
自由度調整済決定係数	0.526				
残差標準誤差	1.876				
観測値数	47				

注：被説明変数は、消費支出（万円）。*** は1％水準、** は5％水準、* は10％水準でそれぞれ有意であることを示す。

5. おわりに

本レポートでは、スマートフォンの保有が家計の消費活動にどのような影響を与えたかを調べた。消費に影響を与える要因としては、可処分所得が重要であり、スマートフォンの所有自体は、消費に影響を与えているとは必ずしも言えないとの結果であった。

これは、都道府県単位の集計されたデータを用いた分析をしたためかもしれない。高所得世帯と低所得世帯とでは、第1の経路を通じて、スマートフォン所有に伴う支出の増加は高所得世帯と低所得世帯とで異なるかもしれない。また、スマートフォンを利用した消費の増加は、住んでいる地域により、たとえば、商店街の存在する地域としない地域とで、異なるかもしれない。これらの区別ができないために、今回の結果が得られた可能性がある。さらなる検討は、今後の課題としたい。

参考文献

福田 慎一・照山 博司（2016）『マクロ経済学・入門 第5版』日本評論社

9.6 まとめ

本章では、Excelで分析された分析結果をWordを使ってレポートにまとめる方法を説明し、レポートの例を提示しました。

最近ではRを使って、レポートを作成するためのパッケージであるrmarkdownを使ったレポート作成法（高橋、2018）や、電子組版ソフトLaTeX[*5]を使ってレポートを書く場合に、Rでの回帰分析の結果を出力するためにパッケージstargazerを利用することもできます。これらについて、本書では取り上げることができませんでしたが、興味ある方は調べてください。

9.7 演習問題II

Rを用いて、データセット（都道府県データ「都道府県データ2019.xlsx」、国別GDPデータ「wb_data_country_2016.xlsx」、学生生活アンケート「student_survey2018_data.xlsx」）の中から、関心のある変数を被説明変数（目的変数）y、別の変数を説明変数xとして回帰分析を行い、分析結果を解釈し、考察し、レポートにまとめなさい。

*5 LaTeXには、さまざまな文献がありますが、入門書として奥村・黒木（2017）があります。

練習問題解答例

データから変数を選択し、ExcelやRを使用して計算をするような問題の解答は、さまざまな回答例がありますので省略しています。

練習問題3.1

$\bar{x}_1 = 10, \quad \bar{x}_2 = 8, \quad \bar{x}_3 = 6, \quad \bar{x}_4 = 5$

練習問題3.3

統計量	x_1	x_2	x_3	x_4
平均	6.2	4	12.6	2.25
中央値	5	4.5	11	2.5
最頻値	なし	なし	なし	3

練習問題3.5

分散は100、標準偏差は10です。

練習問題3.6

統計量	x_1	x_2	x_3	x_4
平均	10	8	6	5
分散	26	96	36	4
標準偏差	5.1	9.8	6	2

練習問題3.7

(49, 73)

練習問題4.2

500

共分散は、データの単位が変わると値が変わります。

練習問題4.3

練習問題4.3のすべての変数の組の相関係数をまとめた下記の表は、分散共分散行列と呼ばれます。同じ変数同士の組み合わせがその変数の分散を、異なる変数同士の組み合わせが変数同士の共分散を示しています。

	x_{1i}	x_{2i}	x_{3i}	x_{4i}
x_{1i}	26			
x_{2i}	49.8	96		
x_{3i}	-13	-21.5	36	
x_{4i}	2.75	5	0.5	4

練習問題4.5

相関係数の場合、変数の単位が変わっても、値は変わりません。例4.3と同じ0.5となります。

練習問題4.6

練習問題4.3のすべての変数の組の相関係数をまとめた表が下記になります。同じ変数同士の組み合わせの場合1となっています。その変数自身の相関係数は常に1となるからです。異なる変数同士の組み合わせがそれらの変数の相関係数です。

統計量	x_1	x_2	x_3	x_4
x_1	1			
x_2	1.00	1		
x_3	-0.42	-0.37	1	
x_4	0.27	0.26	0.04	1

練習問題4.7

散布図は、Excelで作成できるので省略します。

共分散は-32601.54、相関係数は-0.75です。

月	学校給食(円)	教科書・学習参考教材(円)	$x-\bar{x}$	$y-\bar{y}$	$(x-\bar{x})(y-\bar{y})$
1	926	68	85.75	-113.17	-9704.04
2	871	103	30.75	-78.17	-2403.63
3	446	678	-394.25	496.83	-195876.54
4	497	566	-343.25	384.83	-132094.04
5	1122	109	281.75	-72.17	-20332.96
6	980	53	139.75	-128.17	-17911.29
7	934	83	93.75	-98.17	-9203.13

月	学校給食(円)	教科書・学習参考教材(円)	$x-\bar{x}$	$y-\bar{y}$	$(x-\bar{x})(y-\bar{y})$
8	499	86	-341.25	-95.17	32475.63
9	893	153	52.75	-28.17	-1485.79
10	1017	109	176.75	-72.17	-12755.46
11	973	71	132.75	-110.17	-14624.63
12	925	95	84.75	-86.17	-7302.63
				合計	-391218.50
平均	840.2500	181.17		共分散	-32601.54
標準偏差	216.90	199.95		相関係数	-0.75

練習問題5.1

$P(Z \leq 1.96) = 0.975$、$P(Z \leq -1.96) = 0.025$、$P(-1.96 \leq Z \leq 1.96) = 0.95$

練習問題5.2

$P(Z \leq c_1) = 0.975$ と $P((c_2 < Z \leq c_3) = 0.95)$ を満たす c_1、c_2、c_3 を標準正規分布表から求めると、$c_1 = 1.96$、$c_2 = -1.96$、$c_3 = 1.96$となります。

練習問題6.1

$H_0 : \mu = 850$

$H_1 : \mu \neq 850$

練習問題7.1

29.63万円

練習問題8.1

46個

練習問題8.2

7個

付録1　付表

標準正規分布表

表A.1は、下記のように、標準正規分布の塗りつぶされた部分の面積を示す確率をまとめています。

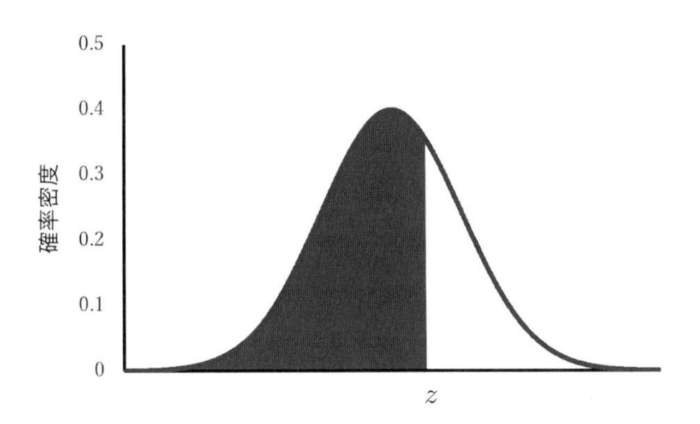

表A.1　標準正規分布表

z	0.00	0.01	0.02	0.03	0.04	0.05	0.06	0.07	0.08	0.09
0	0.5000	0.5040	0.5080	0.5120	0.5160	0.5199	0.5239	0.5279	0.5319	0.5359
0.1	0.5398	0.5438	0.5478	0.5517	0.5557	0.5596	0.5636	0.5675	0.5714	0.5753
0.2	0.5793	0.5832	0.5871	0.5910	0.5948	0.5987	0.6026	0.6064	0.6103	0.6141
0.3	0.6179	0.6217	0.6255	0.6293	0.6331	0.6368	0.6406	0.6443	0.6480	0.6517
0.4	0.6554	0.6591	0.6628	0.6664	0.6700	0.6736	0.6772	0.6808	0.6844	0.6879
0.5	0.6915	0.6950	0.6985	0.7019	0.7054	0.7088	0.7123	0.7157	0.7190	0.7224
0.6	0.7257	0.7291	0.7324	0.7357	0.7389	0.7422	0.7454	0.7486	0.7517	0.7549
0.7	0.7580	0.7611	0.7642	0.7673	0.7704	0.7734	0.7764	0.7794	0.7823	0.7852
0.8	0.7881	0.7910	0.7939	0.7967	0.7995	0.8023	0.8051	0.8078	0.8106	0.8133
0.9	0.8159	0.8186	0.8212	0.8238	0.8264	0.8289	0.8315	0.8340	0.8365	0.8389
1	0.8413	0.8438	0.8461	0.8485	0.8508	0.8531	0.8554	0.8577	0.8599	0.8621
1.1	0.8643	0.8665	0.8686	0.8708	0.8729	0.8749	0.8770	0.8790	0.8810	0.8830
1.2	0.8849	0.8869	0.8888	0.8907	0.8925	0.8944	0.8962	0.8980	0.8997	0.9015
1.3	0.9032	0.9049	0.9066	0.9082	0.9099	0.9115	0.9131	0.9147	0.9162	0.9177
1.4	0.9192	0.9207	0.9222	0.9236	0.9251	0.9265	0.9279	0.9292	0.9306	0.9319
1.5	0.9332	0.9345	0.9357	0.9370	0.9382	0.9394	0.9406	0.9418	0.9429	0.9441

z	0.00	0.01	0.02	0.03	0.04	0.05	0.06	0.07	0.08	0.09
1.6	0.9452	0.9463	0.9474	0.9484	0.9495	0.9505	0.9515	0.9525	0.9535	0.9545
1.7	0.9554	0.9564	0.9573	0.9582	0.9591	0.9599	0.9608	0.9616	0.9625	0.9633
1.8	0.9641	0.9649	0.9656	0.9664	0.9671	0.9678	0.9686	0.9693	0.9699	0.9706
1.9	0.9713	0.9719	0.9726	0.9732	0.9738	0.9744	0.9750	0.9756	0.9761	0.9767
2	0.9772	0.9778	0.9783	0.9788	0.9793	0.9798	0.9803	0.9808	0.9812	0.9817
2.1	0.9821	0.9826	0.9830	0.9834	0.9838	0.9842	0.9846	0.9850	0.9854	0.9857
2.2	0.9861	0.9864	0.9868	0.9871	0.9875	0.9878	0.9881	0.9884	0.9887	0.9890
2.3	0.9893	0.9896	0.9898	0.9901	0.9904	0.9906	0.9909	0.9911	0.9913	0.9916
2.4	0.9918	0.9920	0.9922	0.9925	0.9927	0.9929	0.9931	0.9932	0.9934	0.9936
2.5	0.9938	0.9940	0.9941	0.9943	0.9945	0.9946	0.9948	0.9949	0.9951	0.9952
2.6	0.9953	0.9955	0.9956	0.9957	0.9959	0.9960	0.9961	0.9962	0.9963	0.9964
2.7	0.9965	0.9966	0.9967	0.9968	0.9969	0.9970	0.9971	0.9972	0.9973	0.9974
2.8	0.9974	0.9975	0.9976	0.9977	0.9977	0.9978	0.9979	0.9979	0.9980	0.9981
2.9	0.9981	0.9982	0.9982	0.9983	0.9984	0.9984	0.9985	0.9985	0.9986	0.9986
3	0.9987	0.9987	0.9987	0.9988	0.9988	0.9989	0.9989	0.9989	0.9990	0.9990
3.1	0.9990	0.9991	0.9991	0.9991	0.9992	0.9992	0.9992	0.9992	0.9993	0.9993
3.2	0.9993	0.9993	0.9994	0.9994	0.9994	0.9994	0.9994	0.9995	0.9995	0.9995
3.3	0.9995	0.9995	0.9995	0.9996	0.9996	0.9996	0.9996	0.9996	0.9996	0.9997
3.4	0.9997	0.9997	0.9997	0.9997	0.9997	0.9997	0.9997	0.9997	0.9997	0.9998
3.5	0.9998	0.9998	0.9998	0.9998	0.9998	0.9998	0.9998	0.9998	0.9998	0.9998
3.6	0.9998	0.9998	0.9999	0.9999	0.9999	0.9999	0.9999	0.9999	0.9999	0.9999
3.7	0.9999	0.9999	0.9999	0.9999	0.9999	0.9999	0.9999	0.9999	0.9999	0.9999
3.8	0.9999	0.9999	0.9999	0.9999	0.9999	0.9999	0.9999	0.9999	0.9999	0.9999
3.9	1.0000	1.0000	1.0000	1.0000	1.0000	1.0000	1.0000	1.0000	1.0000	1.0000

標準正規分布のパーセント点

表 A.2　標準正規分布のパーセント点

確率	0.5% (0.005)	2.5% (0.025)	5.0% (0.050)	95.0% (0.950)	97.5% (0.975)	99.5% (0.995)
値	-2.576	-1.960	-1.645	1.645	1.960	2.576

t 分布表

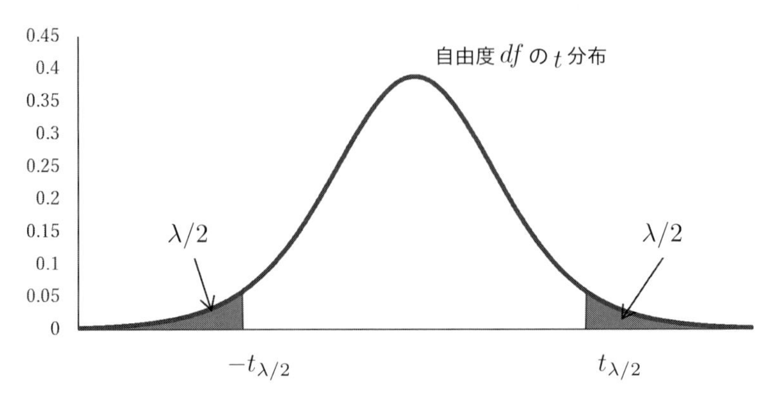

表 A.3　t 分布表

自由度 df	確率 λ				
	0.2	**0.1**	**0.05**	**0.02**	**0.01**
1	3.078	6.314	12.706	31.821	63.657
2	1.886	2.920	4.303	6.965	9.925
3	1.638	2.353	3.182	4.541	5.841
4	1.533	2.132	2.776	3.747	4.604
5	1.476	2.015	2.571	3.365	4.032
6	1.440	1.943	2.447	3.143	3.707
7	1.415	1.895	2.365	2.998	3.499
8	1.397	1.860	2.306	2.896	3.355
9	1.383	1.833	2.262	2.821	3.250
10	1.372	1.812	2.228	2.764	3.169
11	1.363	1.796	2.201	2.718	3.106
12	1.356	1.782	2.179	2.681	3.055
13	1.350	1.771	2.160	2.650	3.012
14	1.345	1.761	2.145	2.624	2.977
15	1.341	1.753	2.131	2.602	2.947
16	1.337	1.746	2.120	2.583	2.921
17	1.333	1.740	2.110	2.567	2.898
18	1.330	1.734	2.101	2.552	2.878
19	1.328	1.729	2.093	2.539	2.861
20	1.325	1.725	2.086	2.528	2.845
30	1.310	1.697	2.042	2.457	2.750
40	1.303	1.684	2.021	2.423	2.704

自由度 df	確率 λ				
	0.2	0.1	0.05	0.02	0.01
50	1.299	1.676	2.009	2.403	2.678
60	1.296	1.671	2.000	2.390	2.660
70	1.294	1.667	1.994	2.381	2.648
80	1.292	1.664	1.990	2.374	2.639
90	1.291	1.662	1.987	2.368	2.632
100	1.290	1.660	1.984	2.364	2.626
200	1.286	1.653	1.972	2.345	2.601
300	1.284	1.650	1.968	2.339	2.592
∞	1.282	1.645	1.960	2.326	2.576

Wordでの数式入力に関するショートカットキー

Word（2013以降）で下記の記号を入力するときには「半角入力」を選択します。

表A.4　数式入力のショートカットキー

	ショートカットキー
数式入力の開始	Alt ＋ Shift ＋ =
x_i	x_i space
z^j	z^j space
x_i^j	x_i^j space
$\bar{y}$	y¥bar space space
$\hat{x}$	x¥hat space space
$\frac{1}{n}$	1/n space
$\sum_{i=1}^{n}$	¥sum_(i=1)^n space
平方根：$\sqrt{x}$	¥sqrt x space
×（掛け算の記号）	¥times space
・（掛け算の記号）	¥bullet space

表A.5　ギリシャ文字入力のショートカットキー（よく使うもののみ）

大文字	入力	小文字	入力
A	¥Alpha space	α	¥alpha space
B	¥Beta space	β	¥beta space
Γ	¥Gamma space	γ	¥gamma space
Σ	¥Sigma space	σ	¥sigma space
Λ	¥Lambda space	λ	¥lambda space

付録2　学習案内

データ分析の方法は道具です。本書の内容を身に着けた方は、ご自分の関心に合わせて、実際のデータの分析に応用してほしいと思います。その際に大事なのは、データの分析対象に関する知識です。データについての知識がなく、本書で示したような分析を行っても、得るものは少ないかもしれません。分析を行うに際して重要なのは、分析の目的とその分析対象についての知識です。データ分析の方法は、あくまで地味な脇役に徹して始めて、役立たせることができます。ですから、まず分析をしたいと思っている分野について、学んでほしいです。

そのうえで、さらにデータ分析で扱われる分析方法に興味を持たれた読者は、次のような文献に進むことができます。

経済統計

経済データについて、本書では詳しく説明できませんでしたので、文献を挙げておきます。公的統計はデータの宝庫です。御園・良永(2011)は初学者向けに公的統計を分野別に解説をしています。松井(2008)はより包括的で、参考書として手元に置いておくと便利です。

- 御園謙吉・良永康平(2011)『よくわかる統計学II　経済統計編』ミネルヴァ書房
- 松井博(2008)『公的統計の体系と見方』日本評論社

計量経済学・社会科学

経済データへの回帰分析の応用に特化した分野として計量経済学があります。Excelを用いたこの分野の入門書として、次の文献があります。

- 山本 拓・竹内 明香(2013)『入門計量経済学―Excelによる実証分析へのガイド』新世社
- 唐渡広志(2013)『44の例題で学ぶ計量経済学』オーム社

次の文献は、計量経済学で使われる主な手法について、Rを用いた説明がなされています。Excelの分析結果との対比もされています。

- 秋山裕(2018)『Rによる計量経済学』第2版、オーム社

最近では因果関係を明らかにする分析も広く用いられています。Rによる説明がなされている、この分野の入門書として次の文献があります。

- 星野匡郎・田中久稔（2016）『Rによる実証分析 回帰分析から因果分析へ』オーム社

本書は、回帰分析の係数推定値の標準誤差の原因が、母集団から抽出された標本に依存するとしていますが、星野・田中（2016）は、推定値の標準誤差がモデルの仮定に依存すると考えるモデル・アプローチからの文献です。

計量経済学を広くカバーした文献として次の文献があります。

- 西山慶彦・新谷元嗣・川口大司・奥井亮（2019）『計量経済学』有斐閣

次の文献は、Rを用いた豊富なデータの分析例を含む文献です。より広い分野でデータの分析が応用できることが分かります。

- 今井耕介（2017）『社会科学のためのデータ分析入門』（上）（下）岩波書店

統計学

本書では概略にとどめた確率と確率分布、推定や検定について、さらには計量経済学をよりしっかり学びたい人は、統計学を学ばれることを勧めます。

Rを通して、より広く統計学を学びたい人には、次の文献を勧めます。

- 山田剛史・杉澤武俊・村井潤一郎（2008）『Rによるやさしい統計学』オーム社

経済学・計量経済学を学ぶための数学

経済学や計量経済学を学ぶために必要な数学を学ぶためには、次の文献を勧めます。

- 尾山大輔・安田洋祐編著（2013）『経済学で出る数学』改訂版、日本評論社

参考文献

複数回引用されている文献は、初出の章のみに記しています。

1章

- 田中慶子(2013)「日本のパネル調査―パネル調査時代の到来と今後に向けて」『季刊家計経済研究』100: 79–89.

2章

- 東京大学教養学部統計学教室編(1991)『統計学入門』東京大学出版会
- 橋本紀子(2014)『Excelで読み取る経済データ分析』新世社
- 三土修平(1997)『初歩からの多変量統計』日本評論社
- 森田優三・久次智雄(1993)『新統計概論 改訂版』日本評論社

3章

- Langford, E.(2006)“Quartiles in Elementary Statistics.” Journal of Statistics Education, 14(3), DOI: 10.1080/10691898.2006.11910589

5章

- 竹内　啓(2018)『歴史と統計学―人・時代・思想』日本経済新聞出版社
- 土屋隆裕(2009)『概説 標本調査法』朝倉書店
- 照井伸彦(2018)『ビッグデータ統計解析入門―経済学部／経営学部で学ばない統計学』日本評論社

6章

- 稲葉由之(2013)『プレステップ統計学II 推測統計学』有斐閣
- Wasserstein, R. L., & Lazar, N. A.(2016). “The ASA’s statement on p-values: context, process, and purpose.” The American Statistician, 70(2), 129–133.

7章

- 森棟公夫(2005)『基礎コース 計量経済学』新世社

9章

- 奥村晴彦・黒木裕介(2017)『LaTeX2ε美文書作成入門(改訂第7版)』技術評論社
- 学習技術研究会(2019)『知へのステップ 第5版 大学生からのスタディ・スキルズ』くろしお出版

- 木下是雄（1981）『理科系の作文技術』中公新書
- 木下是雄（1994）『レポートの組み立て方』ちくま学芸文庫
- 高橋康介（2018）『再現可能性のすゝめ―RStudioによるデータ解析とレポート作成―』共立出版
- 山本　拓・竹内明香（2013）『入門計量経済学: Excelによる実証分析へのガイド』新世社

INDEX

記号・数字

A

B

C

D

E

P

Q

R

S

く

け

こ

さ

し

す

ひ

ふ

へ

ほ

み

む

め

ゆ

よ

り

れ

わ

〈著者略歴〉

隅田　和人（すみた　かずと）［1、2、3、4、5、9章、Web付録］

1997年慶應義塾大学総合政策学部卒業。2002年慶應義塾大学大学院経済学研究科博士課程単位取得退学。博士（経済学）。2002年より金沢星稜大学経済学部に着任し講師、准教授を経て、2013年より東洋大学経済学部国際経済学科准教授。2019年より同大学教授。

主な業績："The Rent Term Premium for Cancellable Leases." *Journal of Real Estate Finance and Economics*, 52(4), 2016, 480-511.（共著）

岡本　基（おかもと　もとい）［1、2、3、4章、Web付録］

2002年東洋大学経済学部卒業。2009年東洋大学大学院経済学研究科経済学専攻博士後期課程修了。博士（経済学）。大学共同利用機関法人情報・システム研究機構リサーチ・アドミニストレーター（常勤研究員）。統計数理研究所特任准教授。

主な業績：「国内家庭用ゲーム産業の現状と将来」『国際公共経済研究』、21, 2010, 43-51.

岩澤　政宗（いわさわ　まさむね）［6、7章、Web付録］

2010年University of Hohenheim卒業。2016年京都大学大学院経済学研究科　博士後期課程修了。博士（経済学）。日本学術振興会特別研究員（PD）、小樽商科大学准教授を経て、2023年より同志社大学経済学部准教授。

主な業績："A Joint Specification Test for Response Probabilities in Unordered Multinomial Choice Models," *Econometrics*, 3(3), 2015, 667–697.

金　燕春（きん　えんしゅん）［8章、Web付録］

2011年（中国）山東大学卒業。2018年京都大学大学院経済学研究科　博士後期課程修了。博士（経済学）。2018年より東京大学経済学研究科特任研究員を経て、2020年よりコンサルティングファームにて勤務。

主な業績："Testing for Overconfidence Statistically: A Moment Inequality Approach", *Journal of Applied Econometrics*, 35(7), 2020, 879-892.（共著）

水村　陽一（みずむら　よういち）［1、2、3、4章、Web付録］

2012年城西大学経済学部経済学科卒業。2015年東洋大学大学院経済学研究科博士前期課程修了。修士（経済学）。2016年より東洋大学大学院経済学研究科経済学専攻博士後期課程。2023年より公益財団法人日本住宅総合センター主任研究員。

主な業績：「開業促進政策と開業障壁―ドイツ手工業秩序法の大改正に関する実証分析―」『日本中小企業学会論集』、38, 2019, 117-129.

吉田　崇紘（よしだ　たかひろ）［2章、Web付録］

2013年筑波大学理工学群卒業。2018年筑波大学大学院システム情報工学研究科修了。博士（社会工学）。国立環境研究所地球環境研究センター特別研究員、東京大学大学院工学系研究科特任助教を経て、2024年より東京大学空間情報科学研究センター講師。

主な業績："Spatial Analysis Using Big Data: Methods and Urban Applications" *Elsevier* (2019)（分担執筆）

本文デザイン：トップスタジオデザイン室（宮﨑 夏子）

Excel と R ではじめる
やさしい経済データ分析入門

2020 年 6 月 20 日　第 1 版第 1 刷発行
2024 年 5 月 10 日　第 1 版第 3 刷発行

著　者　隅田和人・岡本　基・岩澤政宗
　　　　金　燕春・水村陽一・吉田崇紘
発行者　村上和夫
発行所　株式会社 オーム社
　　　　郵便番号　101-8460
　　　　東京都千代田区神田錦町 3-1
　　　　電話　03(3233)0641(代表)
　　　　URL https://www.ohmsha.co.jp/

組版　トップスタジオ　　印刷・製本　三美印刷
ISBN978-4-274-22562-8　Printed in Japan